SCORPIO

BÄRBEL
WARDETZKI

BLENDER IM JOB

Vom klugen Umgang
mit narzisstischen
Chefs, Kollegen und
Mitarbeitern

SCORPIO

Dieses Buch enthält Links zu externen Webseiten Dritter, auf deren Inhalte der Scorpio Verlag keinen Einfluss hat. Deshalb können wir für diese fremden Inhalte auch keine Haftung übernehmen. Für die Inhalte der verlinkten Seiten ist stets der jeweilige Anbieter oder Betreiber der Seiten verantwortlich. Die verlinkten Seiten wurden zum Zeitpunkt der Verlinkung auf mögliche Rechtsverstöße überprüft, rechtswidrige Inhalte waren nicht erkennbar. Bei Bekanntwerden von Rechtsverletzungen werden wir derartige Links umgehend entfernen.

MIX
Papier aus verantwortungsvollen Quellen
FSC® C014496
FSC www.fsc.org

Umschlaggestaltung und Umschlagmotiv:
Hauptmann & Kompanie Werbeagentur, Zürich
Satz und Herstellung: BuchHaus Robert Gigler, München
Druck und Bindung: GGP Media GmbH, Pößneck
ISBN: 978-3-95803-000-8

www.scorpio-verlag.de

INHALT

II NARZISSMUS IN DER ARBEITSWELT

III VOM KLUGEN UMGANG MIT NARZISSTISCHEN MENSCHEN

EINLEITUNG

Bei den Worten Blender im Job denken wir zuerst an egomane Manager, die selbstsüchtig und ohne Rücksicht auf andere nur an ihren eigenen Profit denken, oder an Politiker, die sich in ihrer Macht sonnen. Aber Menschen mit narzisstischen Strukturen gibt es natürlich nicht nur in den höchsten Führungsebenen. Was ist mit den Kollegen, die uns den Arbeitsalltag schwer machen, weil sie nur um sich selbst kreisen und uns als Claqueure missbrauchen? Was ist mit unseren eigenen narzisstischen Anteilen, die uns zur permanenten Suche nach Bestätigung und Anerkennung treiben und zu besonderen Leistungen anspornen?

Anhand von Beispielen sollen die Facetten narzisstischer Ausprägungen in der Arbeitswelt beleuchtet werden. Wir finden sie überall, in Wirtschaft und Politik, im Gesundheitswesen, in Universitäten und Schulen, in Ämtern und Mittelstandsbetrieben, in Kunst und Kultur.

Mich interessieren keine individuellen Diagnosen, sondern die narzisstischen Prozesse zwischen den Menschen. Wie beeinflussen sie das Verhalten, Denken und Fühlen und welche Auswirkungen haben sie auf die Arbeitsbeziehungen? Ich versuche herauszufinden, wo wir narzisstische Strukturen finden in den

Menschen, in den Berufssituationen, den Organisationen und der Gesellschaft, wie wir sie erkennen und auf sie reagieren können. Unter das Stichwort »Gesunde Arbeit« fällt ganz sicher auch der Umgang mit narzisstischen Strukturen und Kränkungen.

Dieses Buch ist nicht denkbar ohne eine Reflexion darüber, was wir unter Narzissmus verstehen. Da es zum Modewort geworden ist, wird es teilweise inflationär gebraucht, was dem Verständnis wenig dienlich ist. Als Abwehrform von Angst und Unsicherheit und als Schutz vor Verletzung und Wertlosigkeit hat der Narzissmus sich hervorragend bewährt. Doch er steht auch für Kreativität, Intelligenz und Können, für große Sprachgewandtheit und Visionen, für Verführung und mitreißende Kraft. Wäre da nicht die Unfähigkeit zu Mitgefühl und menschlicher Bezogenheit, ganz zu schweigen zu Liebe. Ist das ein Ausdruck unserer heutigen Gesellschaft, oder prägen unsere narzisstischen Strukturen auch diese Gesellschaft?

Macht Macht narzisstisch oder streben nur narzisstische Menschen nach Macht? Wie können wir umgehen mit gekränkten Menschen, deren verletztes Selbstwertgefühl uns das Leben zur Hölle macht? Was müssen wir lernen, um mit narzisstischen Menschen zurechtzukommen und unser positives Selbstbild aufrechtzuerhalten? Auf diese und viele andere Fragen versucht das Buch Antworten zu geben.

Das letzte Kapitel fasst die wesentlichen Ideen zusammen, wie wir den Umgang mit narzisstischen Chefs, Kollegen und Mitarbeitern klug anlegen, um die Verletzungsgefahr so gering wie möglich zu halten und den Arbeitsalltag ohne körperliche Krankheiten, Depressionen oder Burnout zu bewältigen.

Zugunsten der Lesefreundlichkeit verwende ich in diesem Buch mal die männliche, mal die weibliche Person. Gemeint sind natürlich immer Personen beider Geschlechter.

I

NARZISSMUS – EIN SCHILLERNDER BEGRIFF

Narzissmus – Worüber reden wir eigentlich?

Narzissmus ist heute zu einem Modewort geworden, das fast jeder im Munde führt. Narzissten sind demnach alle, die sich mit ihren Erfolgen brüsten, die selbstherrlich ihren Vorteil vielleicht sogar auf Kosten anderer suchen, immer im Mittelpunkt stehen und Macht und Einfluss haben. Doch sind das wirklich alles Narzissten? Ist das Narzissmus?

Es ist nicht einfach, den Begriff Narzissmus zu fassen, denn es kommt ganz darauf an, aus welcher Perspektive wir ihn betrachten:

- als Selbstverliebtheit wie in der Umgangssprache
- als Krankheitsbegriff wie in der Psychopathologie
- als ein Kontinuum von narzisstischem Persönlichkeitsstil bis zur narzisstischen Persönlichkeitsstörung, wie es die psychologische Theorie beschreibt
- als gesunden bzw. defizitären Narzissmus
- als Notwendigkeit, unser Selbstwertgefühl permanent ausbalancieren zu müssen

Vom Ursprung her ist Narzissmus ein Krankheitsbegriff. Demnach wird die narzisstische Persönlichkeit durch folgende diagnostische Kriterien definiert:

- Sie erlebt Wut, Scham und Demütigung als Reaktion auf Kritik. Deshalb kann sie sich keine Fehler eingestehen bzw. leugnet ihre Fehler.
- Sie geht ausbeuterische Beziehungen ein, in denen der andere nur dem eigenen Nutzen dient. Sie hält es daher nicht für nötig, sich in den anderen hineinzuversetzen, d.h., ihre Fähigkeit zur Empathie geht gegen null.
- Sie besitzt ein übertriebenes Selbstwertgefühl im Sinne der

Selbstüberschätzung. Sie macht sich größer, als sie ist, und erlebt sich und ihre Probleme als einzigartig.

- In ihrer Phantasie ist sie grenzenlos mächtig, erfolgreich, unübertroffen und beansprucht daher immer eine bevorzugte Behandlung.
- Sie fordert permanente Aufmerksamkeit und Bewunderung und reagiert mit starken Neidgefühlen.
- Bei Ausbleiben der Beachtung droht eine schwere narzisstische Krise bis hin zum Suizid.

Die Diagnose einer narzisstischen Persönlichkeitsstörung wird heute kontrovers diskutiert und nur sehr selten gestellt.[1] Sie beschränkt sich auf extreme Varianten des Narzissmus. Häufiger findet sich der sogenannte »narzisstische Persönlichkeitsstil«. Er zeichnet sich durch eine abgeschwächte Form der oben genannten Kriterien aus und beschreibt Menschen, die »zu sehr damit beschäftigt sind, ihren Wert zu beweisen – oder richtiger, ihre Wertlosigkeit zu widerlegen –, um die Liebe, Anerkennung und Freude menschlicher Verbundenheit zu empfinden ... Es sind Menschen, die gequält sind von narzisstischen Kränkungen ..., die ihnen das erfüllte Leben unmöglich machen, das sie verdienen würden.«[2]

Für Leistung und Erfolg opfern sie ihre Beziehungen, ihre Zufriedenheit und Lebenslust, zu der sie oft sogar den Zugang verloren haben; sie glauben, sie seien nicht gut genug und müssten daher durch Erfolg und Status der Welt zeigen, was sie alles draufhaben; sie sind innerlich so unsicher, dass sie den Erfolg anderer mit Neid und Angst betrachten, weil sie befürchten, dem Vergleich nicht standzuhalten; sie engen daher ihren Lebenssinn auf Arbeit, Status und Geldverdienen ein. Sie als Narzissten zu betiteln, wäre falsch, und ich werde daher in diesem Buch nicht von »den Narzissten« sprechen. Denn es ist eine Diagnose – noch dazu eine teilweise fragwürdige –, die ich nicht stellen kann und will, wenn ich über Menschen schreibe, die nie bei mir in Therapie waren. Ich würde ihnen ein Label aufdrücken, das sie festschreibt und wenig zum Verständnis beiträgt.

Der Coach Klaus Eidenschink, der sich viel mit narzisstischen Strukturen von Führungskräften und Organisationen beschäftigt hat, geht noch ein Stück weiter:

»Die Psychologie hat eine Neigung zur Vergabe von Etiketten – Borderliner, Phobiker, Schizoide, Narzissten –, die eine Trennschärfe und eine Eindeutigkeit suggerieren, die falsch ist. Solche Labels werden einzelnen Personen nie gerecht und sind daher falsch. Überdies werden sie in der Öffentlichkeit abwertend und nicht beschreibend verstanden. Es gibt keine Narzissten! Sondern es gibt ›nur‹ konkrete Menschen, die sich in unterschiedlichen seelischen Zuständen und Erlebniswelten befinden und in diesen Zuständen zu sehr unterschiedlichen Wahrnehmungen, Unterscheidungen und Bewertungen ihrer Lebenswelt kommen. Diese Erlebniswelten erlauben unterschiedliche Spielräume von persönlicher Freiheit, Authentizität und Kontaktmöglichkeiten. Und natürlich auch unterschiedliche Weisen ein Unternehmen und Mitarbeiter zu führen.«[3]

Ich spreche daher von narzisstischen Strukturen, einem narzisstischen Stil oder einer narzisstischen Akzentuierung. Und diese ist nicht nur auf Personen beschränkt, sondern es gibt sie auch in Organisationen, Familien und Gesellschaften. Diese narzisstischen Strukturen ihrerseits prägen wieder die individuelle narzisstische Akzentuierung.

Normaler und positiver Narzissmus

In Abgrenzung zur narzisstischen Persönlichkeit sprechen die beiden amerikanischen Autoren Raskin und Hall[4] vom subklinischen[5] bzw. normalen Narzissmus. Das beschreibt eine narzisstische Haltung, die bei jedem von uns auftreten kann und nichts mit einer klinisch diagnostizierten Persönlichkeitsstörung zu tun hat. Wir können sie gleichsetzen mit der narzisstischen Haltung und dem narzisstischen Persönlichkeitsstil. Durch Untersuchungen fanden Raskin und Hall vier Faktoren, die den normalen Narzissmus definieren: Grandiosität, Anspruchshaltung, Dominanz und Überlegenheit. Sie dienen dazu, das angeschlagene Selbstwertgefühl zu stabilisieren.

Das zentrale Thema beim Narzissmus ist der persönliche Wert bzw. der erlebte Unwert und das Streben, diesen Wert mit allen Mitteln zu erhalten bzw. zu erhöhen. Narzisstische Menschen müssen immer die besten sein, um sich wertvoll zu fühlen. Sie gebärden sich, als seien sie verliebt in ihre eigene Person, aber das täuscht über ihre inneren Selbstzweifel hinweg. Wer sich wirklich liebt und wertschätzt, muss sich nicht erhöhen und anderen zeigen, wie toll er ist. Wer dies tut, hat ein narzisstisches Defizit, das durch eine optimale Selbstdarstellung kompensiert werden soll.

In der Literatur finden wir auch den Begriff des sogenannten »gesunden Narzissmus« als einem intakten Selbstwertgefühl. Ich spreche lieber vom positiven Narzissmus im Sinne von Eigenliebe und Selbstwert. Ein Mensch mit einem positiven Narzissmus hat sowohl zu sich selbst als auch zu anderen Menschen eine gute Beziehung, er fühlt seinen persönlichen Wert und weiß sich auch »im Bewusstsein der eigenen Unzulänglichkeit zu schätzen«[6]. Das bedeutet, er kann auch bei Niederlagen und Kritik sein Selbstwertgefühl stabil halten bzw. wieder ins Lot bringen. Er hat Vertrauen zu sich selbst, kann seine Schwächen ebenso respektieren wie seine Stärken und muss deshalb anderen nicht so viel neiden und vormachen.

»Der gesunde Narzissmus kennt zwar auch Schwankungen des Selbstwertgefühls, doch kann die Person zwischen den Polen Selbstkritik und Selbstzufriedenheit je nach Situation oszillieren (schwanken), ohne dabei in das Extrem der Selbsterniedrigung oder das der Selbstüberhöhung zu verfallen.«[7]

Ist die Selbstliebe dagegen geschädigt und wenig entwickelt, dient die perfekte äußere Fassade aus Erfolg, Leistung, Status, Attraktivität und Macht als Ersatz für ein positives Selbstgefühl. In beruflichen Zusammenhängen sind narzisstische Menschen daher meist sehr erfolgreich und kompetent, ihr Problem liegt mehr im Umgang mit Menschen und in intimen Beziehungen. Denn Unsicherheiten und Selbstzweifel können zwar hinter der perfekten Fassade versteckt werden, bleiben aber dennoch erhalten und zeigen sich häufig in den Momenten, in denen jemand einem anderen Menschen emotional nahekommt. In der Distanz können sie sich besser tarnen als in der wärmenden Nähe.

Der Unterschied zwischen Menschen mit einem positiven Selbstwertgefühl und einer narzisstischen Struktur im Sinne eines Selbstwertdefizits zeigt sich im Umgang mit sogenannter »narzisstischer Zufuhr«. Darunter versteht die Psychologie alles, was den Selbstwert eines Menschen stärkt wie Lob, Anerkennung, Bewunderung und Applaus. Jeder von uns braucht sie, denn wir müssen alle unser Selbstwertgefühl immer wieder stärken und erhöhen. Die Frage ist nur, wie gehen die Menschen damit um? Halten sie sich durch die Anerkennung für besser als alle anderen und werten diese als Versager ab oder freuen sie sich darüber? »Toll, dass ich eine Bestätigung bekomme. Ich bin stolz, freue mich und finde auch, dass ich es sehr gut gemacht habe. Aber ich muss deshalb niemanden entwerten oder mich über ihn stellen, der es nicht so gut kann wie ich.« Eigenlob stinkt keineswegs und ist auch kein Kriterium für Narzissmus, sondern eine gesunde Form der Selbstbestätigung. Das sollte man nicht vergessen, sonst wird jeder, der sich kompetent fühlt und sich lobt, zum »Narzissten«.

Im Weiteren werde ich folgende Terminologie benutzen:

Spreche ich vom positiven Narzissmus, so meine ich damit

einen stabilen Selbstwert. Die Begriffe »normaler Narzissmus«, »narzisstischer Persönlichkeitsstil« und »narzisstische Akzentuierung oder Struktur« gebrauche ich synonym für den Begriff »Narzissmus«. Und Menschen mit einem Selbstwertdefizit, einem narzisstischen Persönlichkeitsstil oder einer narzisstischen Persönlichkeit, nenne ich narzisstisch.

Die Janusköpfigkeit des Narzissmus: anziehend und abstoßend

Der Begriff Narzissmus hat eine eher negative Wertigkeit, er wird mitunter sogar als Schimpfwort gebraucht. Doch dabei übersieht man die positiven Seiten, die ohne Zweifel ebenfalls vorhanden sind. Besonders im Berufsleben sind viele Eigenschaften, die wir im Zusammenhang mit narzisstischen Strukturen kennen, von großem Vorteil. Die Fähigkeit, sich ins beste Licht zu setzen, die eigenen Kompetenzen wirksam einzusetzen, sich effektiv zu präsentieren, nach Höherem zu streben und sich mit dem Erreichten nicht zufriedenzugeben, sind unerlässlich, um Karriere zu machen.

Narzisstische Menschen zeichnen sich durch ein besonderes Charisma aus, das sie anziehend und interessant macht. Sie sind Menschenfänger, weil sie schnell und gut Kontakt herstellen können und andere in ihren Bann ziehen. Die meisten sind äußerst eloquent und begeistern ihr Gegenüber, auch jene, die ihnen ansonsten kritisch gegenüberstehen. Ihre Grandiosität beschert ihnen eine große Anhängerschaft und eine Schar von Bewunderern. Ihre Sprachgewandtheit ist so überragend, dass sie für andere zur Falle werden kann, wenn sie zur Abwehr eigener Unsicherheit oder als Vehikel der Rechthaberei eingesetzt wird. Dann hat der andere keine Chance und wird niedergeredet. Denn das Ziel narzisstischer Menschen ist es, am Ende Recht zu behalten.

Aber nicht nur Recht haben ist wichtig, sondern auch Visionen entwerfen und sich immer wieder nach neuen Ideen ausrichten. Stellen Sie sich vor, Sie haben einen visionären Chef. Langweilig wird es Ihnen dann sicher nicht, manchmal vielleicht etwas anstrengend, aber zugleich aufregend und mitreißend. Denn er wird nicht im Alten verharren, sondern immer neue Projekte an Land ziehen und Sie mit einem neuen Einfall nach dem anderen beeindrucken.

Doch der unerbittliche Einsatz für ihre Ideale und Visionen birgt auch Gefahren, wenn narzisstische Menschen dabei zu viel riskieren. Ihr Motto ist: Wer nicht wagt, der nicht gewinnt. Sie besitzen eine übersteigerte Risikobereitschaft, die so weit gehen kann, dass sie die möglichen fatalen Konsequenzen ihres Handelns nicht genügend berücksichtigen. Auch wenn die Gefahr besteht zu scheitern, ist für sie der Kick durch die Herausforderung oft größer als die Angst. Versagen sie, so stehen sie entweder wieder auf, spucken in die Hände und packen das Nächste an: Auf ein Neues.

Oder sie gehen zusammen mit ihrem Projekt unter und versinken in Scham und Selbstmitleid. Im schlimmsten Fall setzen sie ihrem Leben ein Ende, wenn wirklich kein Ausweg mehr in Sicht ist. So wie es Adolf Merckle tat, als sein Lebenswerk zusammenzufallen drohte.

In der *Stimme.de Südwesten* konnte man lesen:

»Adolf Merckle hatte sich am Montag das Leben genommen, nachdem er die Einigung mit den Banken noch selbst unterschrieben hatte. Seiner Familie zufolge hatte es Merckle nicht verkraftet, die Kontrolle über sein Imperium zu verlieren. Er hatte sich zudem lange gegen den Verkauf von Ratiopharm gesträubt, da er angesichts der Finanzkrise keinen Erlös erwartete, der dem Unternehmenswert entspricht.«[8] Es ist zu vermuten, dass der alte Herr so sehr mit seinem Werk identifiziert war, dass dessen Untergang auch seinen bedeutete. Ob dahinter auch bei ihm eine zu große Risikobereitschaft stand, kann ich nicht beurteilen. Aber allein die Vorstellung der Zerschlagung seines Imperiums konnte er nicht ertragen. Sein Stolz hielt das nicht aus.

Es sieht so aus, als berge fast jede positive Eigenschaft des Narzissmus zugleich die negative Seite in sich.

Charisma führt leicht zur Menschenfängerei, Eloquenz zur Rechthaberei, das Streben nach Höherem zur grandiosen Rücksichtslosigkeit und der Mut fürs Risiko zum Harakiri.

Diese zwei Gesichter des Narzissmus, seine Janusköpfigkeit, haben gerade Forscher mehrerer Universitäten untersucht.[9] Sie fanden, dass folgende zwei Seiten bei narzisstischen Personen grundsätzlich miteinander einhergehen: das Bedürfnis nach Bewunderung und die narzisstische Rivalität. Bekommen sie Bewunderung, stärkt das ihr Selbstwertgefühl. Zugleich müssen sie verhindern, dass andere auch bewundert werden, sonst ist ihre Huldigung nichts mehr wert. Daraus folgt rivalisierendes Verhalten. Beides brauchen sie also, um ihr Selbstwertgefühl zu stabilisieren: die Bewunderung und die Rivalität. Beides hat ganz unterschiedliche Konsequenzen zur Folge. Das Ringen um Bewunderung führt zu Selbstsicherheit, sozialem Erfolg und Beliebtheit, die Rivalität aber zu vermehrten Konflikten und Ablehnung. Das klingt wie eine Zwickmühle, denn egal auf welche Seite sie sich schlagen, sie müssen immer mit negativen Auswirkungen rechnen. Denselben Zwiespalt finden wir auch in anderen Bereichen, beispielsweise in Beziehungen. Sie brauchen andere Menschen, weil sie das Alleinsein nicht aushalten, wehren sie aber zugleich ab, weil sie Angst vor Nähe haben. Sie leben in einem permanenten inneren Widerstreit, der sie für andere so schwer einschätzbar macht.

Versucht man Narzissmus testpsychologisch zu erfassen, so trifft man hier wieder auf eine positiv/negativ Einschätzung. Narzisstische Menschen besitzen einen hohen Wert für Extraversion (nach außen gerichtete Haltung) und zugleich einen hohen

Wert für Unverträglichkeit im sozialen Kontakt.[10] Sie sind also auf der einen Seite aufgeschlossen, kontaktfähig, gesellig und geben sich selbstsicher, auf der andern Seite wirken sie kalt, misstrauisch, eigensinnig, aggressiv, intolerant und verlogen. Narzisstische Menschen sind einerseits beliebt, andererseits unerträglich.

Ich, Ich, Ich oder: Me, myself and I

Wie wankelmütig ihr Verhalten sein kann, zeigt sich auch im Rahmen ihrer Ich-Bezogenheit als einem zentralen Merkmal narzisstischer Menschen. Ohne es zu merken, stellen sie ihre Interessen vor die der anderen, sprechen permanent über sich, führen sich auf, als seien sie überall die Chefs, und wüssten alles besser. Sie treffen Entscheidungen, ohne andere mit einzubeziehen, auch wenn diese ebenso betroffen sind. Sie üben Kontrolle über andere aus, bestimmen, was diese tun dürfen und was nicht, und sind unzugänglich. Sie verhalten sich, als seien sie der Dreh- und Angelpunkt der Welt. Hat das Gegenüber begriffen, wer hier das Sagen hat, werden sie freundlich und zugewandt, aber nur so lange, wie es für sie nutzbringend ist. Ansonsten beenden sie die Beziehung und wenden sich jemand anderem zu.

Irene und Sophie kannten sich schon vom Studium und mochten sich. Sophie bewunderte Irene für ihren Einfallsreichtum und die zupackende Art. Bald machte sich Irene selbstständig mit einer Werbeagentur. Ihr Ein-Frau-Laden lief erstaunlich gut, sie hatte viele Aufträge und entschloss sich zu expandieren. Durch Zufall traf sie auf Sophie, die gleich Feuer und Flamme war, mit ihr zu arbeiten. Sie zogen in ein größeres Büro, richteten alles nach ihrem Geschmack ein und hatten viele Pläne. Doch Irene führte sich auf, als sei sie die alleinige Chefin. Sie wies Sophie zurecht und bestimmte die Zusammenarbeit.

Zunehmend fühlte sich Sophie von Irene bevormundet, wenn diese darüber schimpfte, dass ihre geliebte Tasse mal wieder von Sophie benutzt wurde. Ob sie denn immer noch nicht wisse, dass nur sie daraus trinken dürfe. Und im Übrigen störe sie die Art, mit der sie mit manchen Kunden rede. Das gehe so nicht, es sei geschäftsschädigend. Dass es aber Irene mit der Ordnung nicht so ernst nahm und daher viele Unterlagen lange gesucht werden mussten, wehrte sie ab. Das sei doch kindisch und kleinkariert, sie sei eben genial und kreativ. Eigene Fehler leugnete sie, die von Sophie aber hängte sie hoch. Andererseits jedoch war Irene nicht nachtragend und tat im nächsten Moment, als sei nichts geschehen. Brauchte sie darüber hinaus das Wissen von Sophie, schmeichelte sie ihr, lobte ihre Kenntnisse und vermittelte ihr, unverzichtbar zu sein. Sophie ließ sich dadurch einwickeln, denn es freute sie, dass ihre Arbeit anerkannt wurde. Eine sachliche Auseinandersetzung war auf diese Weise nicht möglich. Um unnötige Konflikte zu vermeiden, versuchte Sophie, Irenes Ansprüche zu erfüllen, und unterließ es, ihr Fehler nachzuweisen. Stattdessen bügelte sie deren Versäumnisse aus und vermied jegliche Konfrontation. Das ging eine Zeit lang gut, bis Sophie eines Tages eine E-Mail bekam, in der Irene ihr mitteilte, dass sie die Zusammenarbeit aufkündige. Keine Erklärung, warum, und keine Aussprache über die Konsequenzen. Sophie war wie vor den Kopf geschlagen, traurig und sauer zugleich, und verzweifelt, weil sie nicht wusste, wie es nun weitergehen sollte. An Irenes Entscheidung war nicht zu rütteln. Auf die Frage, was los sei, bekam sie nur die lapidare Antwort: »Ich habe mich anders orientiert und das kann ich nur alleine durchziehen. Du kannst ja die Räume übernehmen, ist ja alles kein Problem.« Auf Sophies Betreiben hin trafen sie sich zu einer Aussprache, doch Irene konnte nicht nachvollziehen, wie schmerzhaft und verletzend ihr Verhalten für Sophie war. Sie konnte nicht mitfühlen und verstehen, worum es Sophie ging. Irene war sich keiner Schuld bewusst.

An diesem Beispiel zeigt sich eine Form der Ich-Bezogenheit, die ausbeuterisch und gefühllos ist. Trennung wird unemotional abgehandelt und Zusammenarbeit zur beziehungslosen Zweckgemeinschaft degradiert. Daher interessiert es auch nicht, wie die andere Person sich fühlt, denn sie war nur Mittel zum Zweck. Hat sie ausgedient, wird sie entsorgt.

Das zeigt die Unfähigkeit narzisstischer Menschen, sich einzufühlen und das eigene Verhalten zu reflektieren. Ihnen fehlt nicht nur Kooperationsfähigkeit, sondern auch die Einsicht in ihre Fehler. Werden sie auf ihre egozentrische Haltung hin angesprochen und wird ihr unfaires Verhalten kritisiert, leugnen sie jegliche Verantwortung und deuten die Situation in einer Weise um, die dem anderen das Problem zuschiebt. Passt man nicht auf, tappt man in die Falle und fühlt sich womöglich selber schuldig. Eine ebenbürtige Auseinandersetzung kommt nicht zustande.

Zum Schmunzeln ist die Geschichte von Rathenau, der vor lauter Narzissmus seinen Narzissmus nicht mehr sah:

»In seinem Theaterstück ›Der Snob‹, an dem Carl Sternheim im Sommer 1913 arbeitet, versteckt er Dutzende Anspielungen auf Walther Rathenau, den großen Aufsichtsratsvorsitzenden der AEG, Romantiker, Autor, Politiker, Denker. Und daneben eine der narzisstischsten Personen seiner Zeit. Bei der Premiere von ›Der Snob‹ sitzt Sternheims Gattin direkt neben Rathenau und befürchtet, dass er merkt, dass er es ist, der da auf der Bühne dargestellt ist. Aber Narzissmus schützt auch. Rathenau bleibt ungerührt. Er sagte anschließend nur, er wolle das Stück noch einmal genau lesen.«[11]

»Mittelmäßigkeit lautet der Vorwurf derer, die allen Ernstes von sich glauben, ihr Leben sei eine permanente Sensationsveranstaltung.«

Hilmar Klute[12]

Der Alleinherrscher

Diese starke Ich-Bezogenheit erinnert an die Figur des Sonnenkönigs, des absolutistischen Herrschers und Königs im 17. Jahrhundert. Ihm legte man den Satz »Der Staat bin ich« in den Mund, den er vermutlich nie sagte.

Das Motto im 21. Jahrhundert lautet: »Wo ich bin, ist oben.« Das verkündete Frank Asbeck, den man den Sonnenkönig der Solarindustrie nennt.

Die Firma Solarworld galt als das Vorzeigeunternehmen der aufstrebenden Solarindustrie, Firmenchef Frank Asbeck als Börsen-Star. »Der Sonnenkönig« wurde er aber auch wegen seines glamourösen Lebensstils genannt, und er tat eine Menge, um diesem Ruf gerecht zu werden. 2013 war Solarworld an den Rand der Pleite geraten, und die Aktie wurde zum Penny-Stock; sie war nicht mal mehr einen Euro wert. Viele Kleinanleger verloren dadurch fast ihr ganzes Geld. Mit dem Aufstieg und Fall von Solarworld stellt sich auch die Frage nach der persönlichen Verantwortung des Sonnenkönigs.[13]

Sein Vermögen wird immer noch auf ungefähr 500 Millionen Euro geschätzt, sein Wohnsitz ist eine schlossartige Villa am Rheinufer. Die Verluste der Kleinanleger seien natürlich bedauerlich, aber sie hätten ja gewusst, worauf sie sich einließen. Und es würde ja auch wieder besser werden. Ein Weggefährte sagte über ihn, er wolle mit der Solarenergie nicht die Umwelt retten, sondern einzig und allein Profit machen.

Ein weibliches Pendant zum Sonnenkönig ist mir nicht bekannt, auch wenn es viele mächtige weibliche Herrscherinnen gab von der altägyptischen Königin Hatschepsut über die Pharaonin Kleopatra bis hin zur Erzherzogin von Österreich und Königin von Ungarn und Böhmen, einer der prägenden Monarchinnen der Ära des aufgeklärten Absolutismus, Maria Theresia, der Kaiserin von Russland Katharina der Großen und Queen Victoria. Vielleicht findet sich hier wieder ein Gender-Faktor?

Eine sonnenköniginnenhafte Attitüde wird Anna Wintour, der Chefredakteurin der Vogue, unterstellt, die der Filmfigur aus *Der Teufel trägt Prada* als Vorlage gedient haben soll: kalt, unempathisch, herrschsüchtig, ichbezogen und mächtig.

Alleinherrscher zeichnen sich dadurch aus, dass sie Macht haben, diese ausbauen, wo sie können, und ohne Rücksicht auf andere ausnutzen. Das Leiden der Betroffen unter der Willkürherrschaft ist in der Regel groß. Denn die Entscheidungen werden ohne Rücksprache getroffen und einfach umgesetzt, unabhängig von den Beteiligten.

Josef erlebte die negativen Folgen einer solchen Alleinherrschaft und brauchte lange, um diesen Konflikt zu verarbeiten. Er war in der Ausbildung in einem Institut tätig, hatte seine festen Kurse und auch einen gut funktionierenden Pool an Mitarbeitern, die entsprechende Ausbildungsmodule übernahmen. Das Institut unterstand der Schulbehörde, weil es eine Einrichtung der Erwachsenenbildung war. So lief das ungefähr 10 Jahre, bis es zu einem Wechsel an der Spitze kam, weil die bisherige Leiterin in Rente ging. Die Karten wurden ganz neu gemischt und auf einmal sollte das Institut nicht mehr der Schulbehörde, sondern einem anderen Träger unterstellt werden, was eine völlig neue Konzipierung der Lehrgänge zur Folge gehabt hätte. Josef war wie vor den Kopf gestoßen, denn es hätte geheißen, sich dem dort residierenden Alleinherrscher unterzuordnen. Das war ein Mann, der alles nach seinen Vorstellungen plante, die Leute im Team umstellte wie Schachfiguren, altgediente Mitarbeiter entließ, weil sie ihm nicht linientreu genug oder zu betagt waren, und alles auf den Kopf stellte, was lange gewachsen und vor allem bewährt war. Wollten Josef und seine Mitarbeiter ein Gespräch mit ihm führen, dass eine Änderung der Lehrgänge wenig Sinn habe, mussten sie relativ lange auf einen Termin warten und kamen mit ihrem Anliegen gar nicht richtig durch. Es klärte sich nichts im Gespräch, und sie zogen unverrichteter Dinge davon, weiterhin in einer unklaren Situation über ihre Zukunft. Josef versuchte, Unterstützer zu finden, aber das Geflecht derer, die Einfluss hatten, war so undurchsichtig und es fand sich niemand, der Klarheit hätte herstellen können. Irgendwann gab er auf. Nun war er an der Reihe, sich zu überlegen, wie er weiterhin tätig sein wollte und ob er überhaupt weitermachte. Aber dann waren die Pläne zur Umstrukturierung plötzlich von einem Tag auf den anderen vom Tisch, weil es am Geld scheiterte. Der Alleinherrscher hatte seine Geldgeber verärgert, woraufhin sie ihm den Hahn zudrehten und er den Rückzug antrat. Von jetzt auf gleich nahm er Abstand von dem bisher unumstößlichen Vorhaben und schwenkte einfach um. Allerdings wissen die Mitarbeiter nie, was ihm wieder einfallen wird, und können sich auf nichts Stabiles verlassen. Darüber vergehen die Jahre mit Ungewissheit und Unsicherheit, was viele Nerven kostet und Stress verursacht.

Versetzen wir uns einmal in die Lage von Alleinherrschern, dann erfahren wir, dass sie die Vorstellung haben, alles perfekt machen zu wollen. Und sie müssen es selbstverständlich allein schaffen. Hilfe zu holen ist in ihrem System nicht vorgesehen, im Gegenteil, sie ist nur hinderlich, weil sie Kompromiss- und Kooperationsbereitschaft voraussetzt. Und Hilfe in Anspruch zu nehmen würde ja auch zeigen, dass sie etwas nicht können. Somit würden sie dadurch ihre Schwäche offenbaren. Sie sind wie besessen von ihren Ideen, die sie unbedingt durchdrücken müssen, weil nur sie zum erwünschten Ziel führen. Jeder, der sich ihnen in den Weg stellt oder nicht mitzieht, bedroht den Erfolg und muss daher zur Seite geschoben werden.

Der große Gönner und Förderer

Eine weitere Spielart ist der große Gönner oder Förderer, auch wenn er auf den ersten Blick gar nicht narzisstisch wirkt. Doch hinter der Fassade des scheinbar aufopfernden Menschen steckt ein großer Selbstwerthunger. Indem er dem anderen hilft, ihn fördert, ihm die Türen öffnet und sich um ihn kümmert, stärkt der narzisstische Mensch seine grandiose Position dem anderen gegenüber. Der andere wird abhängig von seinem Einfluss und seiner Hilfe und zu ewiger Dankbarkeit verpflichtet. Der Gönner gewinnt auf diese Weise einen Bewunderer und treuen Adlatus, auf den er sich verlassen kann, da er in seiner Schuld steht.

So angenehm es ist, einen Förderer zu haben, so unangenehm ist ein narzisstischer Förderer. Denn man verkauft seine Freiheit und seine Seele an ihn. Die Ausbeutung spürt man nicht gleich, aber im Lauf der Zeit werden die Enge und vor allem die Verpflichtung als Druck spürbar, dem man sich nur schwer entziehen kann. Er hat ja auch so viel für einen getan, wie soll man sich da freimachen? Man will ja nicht undankbar sein, aber im Grunde wird es einem zu viel. Denn er fängt an, einem reinzureden und alles besser zu wissen. Man steht als dumm da, als könne man für seine Arbeit nicht selbst Verantwortung tragen. Noch dazu wird man moralisch dazu aufgefordert, in demselben Maße Loyalität für ihn zu zeigen. Werden das Unternehmen oder der Chef kritisiert, und man findet die Kritik angemessen, ist man im Konflikt zwischen der eigenen Wahrnehmung und dem Zwang, sich auf die Seite des Chefs und der Firma schlagen zu müssen. Eine sehr unangenehme Situation. Löst man den moralischen Anspruch nicht ein, hat man schnell die Sympathie verloren. Die Unterstützung, die man vorher im Übermaß bekam, wird einem nun völlig entzogen. Einem anderen wird sie nun auf dieselbe Weise zuteil. Daran sieht man, dass die Förderer das Fördern nur für sich selbst tun und nicht für den anderen. Die Personen sind austauschbar, nicht aber ihre hilfsbereite Unterstützung. Wenn diese wegfällt, werden sie bedeutungslos.

Narzisstische Gesellschaftsstrukturen

Viele Menschen beklagen eine immer stärker werdende Ich-Bezogenheit nicht nur bei einzelnen, sondern auch in unserer Gesellschaft. Jeder denke nur noch an sich selbst, das Interesse am anderen beschränke sich auf die Frage, welches neue Auto der Nachbar sich geleistet habe. Auch in den Callcentern hätte keiner mehr eine Ahnung von der Sache, wegen der man anrufe, keiner engagiere sich mehr und denke mit. Solche Pauschalaussagen bilden sicher nicht die ganze Gesellschaft ab. Tatsache ist jedoch, dass narzisstische Strukturen nicht nur individuelle Erscheinungen sind, sondern ihr Pendant in unserer Gesellschaft haben. Die Frage, ob wir in einer narzisstischen Gesellschaft leben, wird zwar kontrovers diskutiert, Reinhard Haller gibt darauf aber eine überzeugende Antwort:

»Das wirklich Neue am Narzissmus der Gesellschaft ist nicht dessen Vorkommen, sondern dass er als Lebensform gesucht wird und als soziale Grundeinstellung den Zeitgeist bestimmt.«[14]

Das bringt es meiner Meinung nach auf den Punkt. Denn Narzissmus hat es immer gegeben, es ist ein Menschheitsthema, aber welche Formen nimmt er heute an?

Wir leben in einer narzisstisch geprägten Welt, in der Werte des Besser-Seins und des Alles-Machbaren vorherrschen. Auswüchse davon sehen wir beispielsweise im Zusammenhang mit Leihmütterschaften und Samenhandel. Wer heute ein Kind will, genug Geld besitzt und sich aus lauter Egoismus keine Gedanken über die psychologischen Folgen für alle Beteiligten machen will, der kann es sich auf Wunsch »bestellen«. Daraus ist ein sehr lukrativer Markt entstanden, der Millionen umsetzt. Hier stellt sich, wie auch in vielen anderen Bereichen, die Frage: Ist alles, was machbar ist, auch sinnvoll und ethisch vertretbar? Oder schädigen wir uns und die anderen dadurch mehr, als wir gewinnen? Geblendet durch die möglichen Erfolge und die Umsetzung von etwas noch nie Dagewesenem, wehren wir diese Fragen ab und erklären den Fragenden zum Spielverderber und Fortschrittsbremser.

»Kennzeichnend für den narzisstischen Charakter ist das Maßlose und die ausbeuterische Haltung sich selbst, seiner sozialen und ökologischen Umwelt gegenüber. Wie viele moderne ›Menschenopfer‹ in Form von emotionaler Zerstörung bringen wir auf dem Altar der Anerkennung, Leistung und Karriere dar? Zwanghafter Perfektionismus, fassadenhafte körperliche Vollkommenheit und luxuriöse Lebensgewohnheiten sind die neuen ›goldenen Kälber‹, um die wir bis zur Erschöpfung tanzen.«[15]

Unsere Gesellschaft unterstützt Erfolg, Aufstieg, Karriere und Wachstum und macht sie sogar zum Leitbild. Wir leben in der Illusion, dadurch mehr Zufriedenheit und Glück zu erwerben, doch der Schock der Finanzkrise hat uns eines Besseren belehrt. Dennoch machen wir weiter wie bisher, die Anleger, die Märkte, das Finanzsystem, weil keiner daraus gelernt hat. Und weil wir in der grandiosen Illusion leben, dass es schon irgendwie weitergehen wird. Wir lassen uns blenden von Aktienkursen und beruhigenden Aussagen der Staatschefs. Wir wiegen uns in einer Sicherheit, die keine wirkliche ist.

Wir glauben, alles erreichen zu können, wenn wir nur wollen und uns genug anstrengen. Wir optimieren die Fassade, übersehen aber, dass es dahinter bröckelt. Reichtum, Luxus und Statussymbole erkaufen wir uns auf Kosten der weniger Wohlhabenden und Armen und durch die Ausbeutung der Welt. Das ist ein zentraler narzisstischer Mechanismus: Hauptsache, der äußere Schein glänzt, wie es innen aussieht, geht keinen etwas an. Die äußere Fassade soll die innere Leere verbergen. Und die innere

Leere wird ausgefüllt mit äußeren Gütern, aber es entsteht kein Gefühl von Sattheit und Befriedigung. Wir verarmen seelisch im materiellen Überfluss. Es entsteht eine Entfremdung vom eigenen Sein zugunsten einer Scheinwelt. Und je entfremdeter wir von uns sind, umso prächtiger muss der äußere Schein glänzen.

Auch in früheren Gesellschaften gab es Entfremdung, aber die Kompensationen haben sich geändert. Heute kann jeder alles ausleben, früher musste man bestimmte Privilegien haben, um seiner Grandiosität einen Rahmen zu geben.

Wir haben dank unseres Wohlstands und des World Wide Web in unserer Gesellschaft viele Schauplätze: Im Internet können wir uns auf YouTube oder in sozialen Netzwerken präsentieren und unseren Wert an den Klicks und Followern messen. Auch die Verfügbarkeit des unermesslich großen Wissens, das wir permanent im Internet abrufen können, verleiht dem einen oder anderen ein Gefühl von Allmacht. Wir haben so viele Felder, auf denen wir unsere Selbstdarstellung und Machtgelüste ausleben können wie nie. Doch ich befürchte, das bringt uns nicht näher an uns heran, sondern schärft eher den Blick nach außen, auf die Reaktion, die wir bei anderen auslösen. Und da sie positiv sein muss, stehen wir unter Druck, immer Tolleres, Aufregenderes und noch nie Dagewesenes zu tun, um Aufmerksamkeit zu erringen wie beispielsweise ein Selfie vor einem heranfahrenden Zug oder ein Balanceakte in schwindelnder Höhe ohne Sicherung. Dass das tödlich enden kann, ist das Risiko. Kalkulieren die Akteure es ein?

Ohne Risiko, aber nicht weniger narzisstisch, ist das »toasted selfie«. Eine amerikanische Firma springt auf den Selfie-Trend auf und bietet ihren Kunden an, ihr Porträt auf die Toastscheiben zu brennen. Auf diese Weise kann der narzisstische Mensch sich jeden Morgen sich selbst einverleiben.

Erst in Situationen, in denen Menschen in Not sind, wie bei den Hochwasserkatastrophen, hört man wieder von alten Tugenden wie Unterstützung, Solidarität und Hilfsbereitschaft. Wo sind sie im normalen Alltag? Haben wir verlernt, sie auszuüben? Herrschen wirklich Egozentrik, Rücksichtslosigkeit und Eigennutz, wie oft behauptet wird? Mein Eindruck ist, dass viele Menschen weniger Interesse am Mitmenschen haben, weil sie sehr damit belastet sind, ihr eigenes Leben irgendwie zu meistern. Sie müssen sich um Job, Familie, Kinder und alte Eltern kümmern, eine manchmal kaum zu bewältigende Aufgabe.

Auch unser materieller Wohlstand trägt erstaunlicherweise dazu bei. Man sollte meinen, je sicherer die materielle Basis, umso mehr Raum haben wir für den anderen. Leider scheint es genau andersherum zu sein. Wir werden immer unzufriedener, weil wir sehen, dass es uns noch besser gehen könnte, und wir deshalb anderen ihr Glück und den Besitz neiden. Hier hat vielleicht auch die Gier ihre Wurzeln, die uns immer weitertreibt und nie zufrieden sein lässt.

Gesellschaftlich zeigt sich im Zusammenhang mit Narzissmus eine ähnliche Suchtdynamik, wie sie im Verhalten des Einzelnen zu beobachten ist.

»Narzissmus ist die schnelle Droge. In der narzisstischen Situation kann ich alles verstecken, was für mein Selbstbild unangenehm ist.«[16]

Sicherlich ist Narzissmus keine Droge im herkömmlichen Sinn. Aber ebenso wie Drogen und andere Suchtmittel den Versuch darstellen, die unangenehme Wirklichkeit auszublenden und durch eine beschönigte zu ersetzen, gibt auch die narzisstische Fassade die Möglichkeit, die ungeliebten, mangelhaften Seiten seiner selbst zu überspielen. Die Sucht nach immer mehr Erfolg, Geld, Anerkennung, Macht und Konsum sind die Vehikel für das verletzte Selbst.

Der zentrale Mechanismus des Narzissmus ist die Kompensation von Minderwertigkeitsgefühlen durch ein Idealbild von sich selbst. Das Anstreben von Idealen ist nicht das Problem. Ideale sind der Motor für die menschliche Weiterentwicklung, sie zeigen uns die Richtung, in die wir streben können. Das Problem ist vielmehr die Tatsache, dass narzisstische Ideale in der Regel so hoch sind, dass sie unerreichbar sind, wie z.B. das Ideal des permanenten Wachstums oder der grenzenlosen Leistungsfähigkeit. Sich diese Illusionen einzugestehen, wäre der Beginn einer gesunden Veränderung, aber sie würde die Reduzierung unserer narzisstischen Größenvorstellungen voraussetzen, also eine narzisstische Abrüstung notwendig machen, zu der im Moment niemand bereit ist.

Die gesellschaftlichen Grundfragen in diesem Zusammenhang heißen vielleicht:

- Wie viele Möglichkeiten und wie viel Raum haben wir, uns zu entfalten als die, die wir sind, nicht als die, die wir meinen sein zu müssen?
- Wie viel Schutz müssen wir uns und unserem Selbstwertgefühl bieten, um uns nicht bis zur Verleugnung anzupassen, um weiterzukommen?

Gerade im Arbeitsbereich müssen sich viele Menschen verleugnen, z.B. in hierarchischen Strukturen, in denen sie nicht nach ihrer Meinung gefragt werden und ihre Wünsche keine Rolle spielen. Strukturen, in denen sie noch so kompetent sein können, der Chef aber rigoros vorgibt, wie es gemacht wird. Der Anstieg psychischer Erkrankungen wie Depressionen und Burnout, aber auch Mobbingsituationen können die direkte Folge sein.

Und dennoch ist der Narzissmus die beste Abwehr, die wir haben. Es ist eine geniale und einfallsreiche Form, um mit Selbstwertproblemen umzugehen, denn sie passt gut in die heutige Zeit. Sie ist mit positiv sanktionierten Idealen assoziiert wie Kreativität, Visionen, Zupacken und Sichausleben. Das Ergebnis sind Erfolg und das Gefühl, es geschafft zu haben.

Die Blender

Im Zusammenhang mit dem grandiosen Narzissmus wird immer wieder von Blendern gesprochen. Zwei der bekanntesten sind der ehemalige Topmanager Thomas Middelhoff und der erfolglose ehemalige »Karstadt-Retter« Nicolas Berggruen. Gescheitert sind sie beide, der eine geblendet von seinem Größenwahn, wie es die *Frankfurter Allgemeine* schrieb, und der andere durch seinen Eigennutz. Berggruen blendete alle, die an ihn glaubten, mit seinem Charisma. »Mit seiner Aura aus Scheu, Selbstverliebtheit und Tatendrang ... sollte er dem Unternehmen neuen Glanz verleihen.«[17] Doch nichts von dem, was er versprach, hat er eingehalten. Zuerst wurden die Filetstücke und schließlich auch noch der Rest von Karstadt verkauft, und keinen Cent Eigenkapital hat er investiert, stattdessen Millionen aus dem Unternehmen gezogen. Nichts blieb mehr von dem anfänglichen Strahlen, das ihn umgab.

Der andere, Thomas Middelhoff, wurde gerade zu drei Jahren Haft verurteilt wegen Untreue in der Zeit als Vorstandsmitglied bei Arcandor und Steuerhinterziehung. Da Fluchtgefahr drohte, wurde er gleich im Gerichtssaal verhaftet und sitzt seitdem in Untersuchungshaft. Ein tiefer Fall des einstigen »Zaubermanns« der deutschen Wirtschaft. Seine Verfehlungen beschönigt er bis heute. Schuld seien die anderen, ihm gebühre Dank. Solange er an diese Umdeutung der realen Fakten glaubt, muss er sich nicht mit seinem Versagen und der damit zusammenhängenden Scham und Schuld auseinandersetzen. Ein typischer narzisstischer Schachzug.

Ist man geblendet von sich und seiner Grandiosität, kann das zu einer Entfremdung von der Wirklichkeit führen und in einer unkritischen Haltung zu sich selbst enden.

Blender sind Menschen, die anderen etwas vorspielen und die Wahrheit verbergen. Es sind entweder Lügner, die Falsches behaupten oder Dinge versprechen, die sie nicht einhalten können und wollen, wie im Falle Berggruen. Oder sie stellen die Dinge schöner, größer und erfolgversprechender dar, als sie sind, wie im Fall Middelhoff. Das Drama in beiden Fällen ist der große Schaden, der dadurch entstanden ist, nicht nur für sie, sondern auch für die Allgemeinheit: Entlassungen, die Insolvenz und negative Auswirkungen auf die Wirtschaft und die Anleger.

Blender gibt es aber nicht nur in Führungsetagen, wir finden sie in allen Bereichen. Ihre Überzeugungskraft ist so groß und ihr eigener Glaube an sich und ihren Erfolg so stark, dass sie selbst und ihre Mitmenschen darauf reinfallen. Nicht nur, dass sie Dinge beschönigen, sie erhöhen auch sich selbst und andere. Wen sie gut finden, den loben sie in den Himmel, was ihnen gefällt, ist der Traum schlechthin, und was sie anstreben, ist das einzig wahre Ziel. Nichts ist einfach nur gut, sondern immer großartig. Ist man vertraut mit dieser Form der Übertreibung, kann man gelassen Abstriche machen und kommt dann der Realität recht nahe. Nimmt man jedoch alles für bare Münze, ist man am Ende enttäuscht.

Wird man selbst über Gebühr in den Himmel gehoben, fühlt man sich entweder unwohl, weil man dieses Bild nicht ausfüllen kann, oder freut sich, endlich einmal richtig gesehen zu werden.

Hier zeigt sich der Unterschied zwischen Könnern und Blendern. Die Könner setzen ihre Kompetenz dafür ein, ein gutes Ergebnis zu erreichen, beispielsweise ein Gebäude ästhetisch und funktional so zu bauen, dass sich die Menschen darin wohlfühlen und es dem entsprechenden Zweck dient. Die Blender hingegen bauen es in erster Linie für sich, um sich ein Denkmal zu setzen, unabhängig davon, ob es im Sinne der anderen ist. Sie beweihräuchern sich selbst, statt sich für die andere Person und das große Ganze einzusetzen.

Auch unter Kollegen funktioniert das Blenden, wenn das Gegenüber es für Kompetenz hält.

Renate arbeitet in einem Arbeitsamt und hat viele Klienten, die sie betreuen muss. Sie macht ihre Arbeit gut, leidet aber unter Minderwertigkeitsgefühlen, die man ihr jedoch nicht zutrauen würde. Nach außen hin wirkt sie von sich überzeugt und eher burschikos als ängstlich. Mit ihrer Kollegin hat sie große Probleme, weil diese selbstbewusst auftritt und immer überall dabei ist. Sie wird nie übersehen im Gegensatz zu Renate, die immer wieder vergessen wird, sei es bei Sitzungen, in denen es auch um ihren Arbeitsbereich geht, oder bei der Frage, ob sie mit zum Essen geht. Renate erfährt meistens erst hinterher, dass man sie wieder nicht informiert hat. Es kränkt sie sehr und sie neigt dazu, sich beleidigt zurückzuziehen. Diese Enttäuschungen haben ihren Ärger und ihren Widerwillen gegen die Kollegin noch verstärkt, denn Renate lässt sich durch deren selbstbewusstes Auftreten einschüchtern. Dahinter steht ihre Angst, nicht gut genug zu sein, und die Vorstellung, ihre Kollegin wisse alles besser. Sie lässt sich blenden durch deren Selbstsicherheit, spürt aber nach kurzer Zeit, dass dahinter nicht viel ist. Renate ist im Grunde kompetenter als sie, doch sie fällt immer wieder auf die Masche der Kollegin herein.

Je unsicherer ein Mensch ist, desto eher geht er Blendern auf den Leim.

Noch schlimmer ist es, wenn jemand nur so tut, als könne er den Job ausfüllen, aber im Grunde überfordert ist. Anderen vorzumachen, man sei geeignet, ist für Blender leicht, sich an der Realität zu beweisen dagegen schwer.

Wer sein Verhalten, seine Ziele und Werte nicht kritisch hinterfragt und an der Gemeinschaft und den moralischen Standards abgleicht, läuft Gefahr, dem eigenen Blendwerk auf den Leim zu gehen.

Weiblicher Narzissmus und Abwertung von Frauen im Job

Neben dem sogenannten »männlichen« oder »auch offen grandiosen« Narzissmus gibt es eine weiblich verdeckte Form. Verdeckt deshalb, weil man nicht auf die Idee käme, dass diese Menschen eine narzisstische Struktur haben. Weiblich, weil es in der Mehrzahl Frauen sind, die davon betroffen sind. Sie legen ein selbstbewusstes Auftreten an den Tag, eine coole Lässigkeit und Überlegenheit und die Demonstration von Unabhängigkeit und Kompetenz. Niemand würde spüren, dass sie sich innerlich unsicher, unfähig und minderwertig fühlen. Sie sind geprägt von einem tiefen inneren Widerspruch: In der Regel sind diese Frauen attraktiv, sie legen viel Wert auf ihr Äußeres, haben meist eine gute Figur, aber sie lehnen sich von Grund auf ab, finden sich hässlich, dick, unattraktiv und vor allem nicht liebenswert. Sie sehnen sich nach Nähe und Liebe, rennen aber davon, wenn sie wirklich jemand mag. Sie machen sich immer wieder einsam, obwohl sie gerade unter dem Gefühl, allein zu sein, sehr leiden. Sie spielen die Rolle »Es geht mir toll«, um Aufmerksamkeit und Zuwendung zu bekommen, fühlen sich dabei aber elend und depressiv. Ihr Fühlen und Verhalten ist stark von Gegensätzen geprägt und von der Unfähigkeit zu wissen, wer sie wirklich sind.[18]

Um ihre Selbstunsicherheit zu überdecken, sind sie ständig auf der Suche nach Bestätigung, die ihre Angst, nicht gut genug zu sein, in Schach hält. Sie leiden unter starken Selbstzweifeln: »Hoffentlich kommt nicht irgendwann einmal heraus, dass ich gar nicht so viel kann, wie die anderen denken.« Das endet oft in der Vorstellung, eine Betrügerin oder Hochstaplerin zu sein, weil andere sie für kompetent halten, sie es sich aber selber absprechen. Durch Perfektionismus und ein enormes Arbeitspensum versuchen sie, diese Selbstzweifel zum Schweigen zu bringen.

Nur durch gute oder Bestleistungen sind sie zufriedenzustellen, doch tief im Inneren lauert die Angst, zu versagen.

Diese Form des weiblichen Narzissmus ist das Gegenstück zum männlichen. Wo der Mann sich von der Grandiosität her beurteilt und von vorneherein davon ausgeht, super zu sein, sind die Frauen in der Minderwertigkeit verwurzelt. Ihnen ist der Selbstzweifel näher als die Großspurigkeit. Doch auch sie schützen ihren Selbstwert durch einen grandiosen Überbau. Mit Leistung, Attraktivität, Schlankheit, Perfektionismus und Anpassung kompensieren sie ihre Unsicherheit. Wenn sie Erfolg haben, eine tolle Rückmeldung für ihre Arbeit bekommen und ihr Idealgewicht unterschritten ist, dann fühlen sie sich unangreifbar und als die Tollsten und Fähigsten überhaupt. Doch bei Kritik oder bei Ausbleiben der Bestätigung bricht das grandiose Gebäude schnell in sich zusammen, und sie versinken in einem Gefühl der Nichtigkeit und Wertlosigkeit.

Ihr Selbstwertgefühl schwankt permanent zwischen den Polen: Ich bin die Größte und ich bin wertlos, ein Nichts. Sie fragen sich: Wer bin ich denn nun wirklich? Beide Einschätzungen entsprechen nicht der Realität, denn sie sind nicht so klein und mickrig, wie sie sich in der Minderwertigkeit fühlen, aber auch nicht so groß, wie sie sich in der Grandiosität sehen. Eine angemessene Einschätzung gelingt ihnen kaum, sodass sie permanent unter dem Druck stehen, ihre Unsicherheiten vor sich und den anderen verbergen zu müssen. Keiner darf sehen, wie es ihnen geht, sie würden vor Scham im Boden versinken.

Daraus folgt, dass sie es sich kaum erlauben, um Rat zu fragen, denn sie befürchten, sich damit als inkompetent zu outen. Um gut zu sein, müssen sie alles wissen, und zwar sofort. Zeit zum Lernen lassen sie sich kaum.

Um keine Fehler zu machen, was das Schlimmste wäre, das ihnen passieren könnte, sind ihre Antennen ständig nach außen gerichtet. Sie spüren die Atmosphäre, sind höchst sensibel gegenüber den Reaktionen anderer, können sich wie Chamäleons anpassen und hören aufmerksam zu, um Anzeichen von Kritik und Ablehnung schnell zu registrieren. Eine hohe »Empfängerqualität« zeichnet sie aus.

Im Gegensatz dazu machen sich Personen mit einem männlichen Narzissmus zum »Sender«, von dem alle Information ausgeht. Sie hören schlecht zu und nehmen kaum auf, was andere sagen. Beide Formen sind passgenau aufeinander abgestimmt, weshalb sie auch Narzissmus und Komplementärnarzissmus genannt werden.[19]

Diese unterschiedlichen Ausprägungen des männlichen und weiblichen Narzissmus hängen in starkem Maße mit den speziellen Sozialisationsbedingungen der Geschlechter und der Rolle von Mann und Frau in unserer Gesellschaft zusammen. Mädchen lernen seltener, sich aggressiv durchzusetzen, und werden mehr zur Anpassung erzogen. Die Jungen dagegen erfahren genau das Gegenteil. Sie sollen sich durchsetzen, sich wehren, wenn sie angegriffen werden, stark und männlich sein.

Im Berufsleben kommt ihnen das ganz sicher entgegen. Wo die Frau zögert, ob sie eine Herausforderung oder einen neuen Job annehmen soll, ist der Mann sofort zur Stelle. Wenn Männer das Gefühl haben, dass sie etwas zu 70 Prozent können, bewerben sie sich. »Mann« wächst mit der Aufgabe. Er wählt eher zu große Schuhe, sie zu kleine. Frauen neigen eher dazu, unter ihren Möglichkeiten zu arbeiten. Vielleicht nicht die klügste Strategie.

Diese Unterschiedlichkeit spiegelt sich in den Strukturen unserer Arbeitswelt wider. Frauen verdienen für dieselbe Arbeit ca. 20 Prozent weniger als Männer. Noch heute wird der geschlechtsspezifische Lohnunterschied mit diffusen Vorstellungen der männlichen Höherwertigkeit im Berufsleben erklärt. Nach einer aktuellen Untersuchung des Meinungsforschungsinstituts YouGov fühlen sich drei Viertel aller deutschen Frauen im Job benachteiligt. 72 Prozent glauben, sie müssten besser sein, um das Gleiche zu erreichen wie ein Mann. Sie sind davon überzeugt, dass sie 150 Prozent leisten müssen, um anerkannt zu werden.

Zudem haben Frauen oft massive Nachteile bei der Einstellung, wenn sie in einem Alter sind, in dem sie Kinder gebären könnten oder kleine Kinder haben. Ob sich daran etwas ändern würde, wenn mehr Frauen in den Vorständen von Unternehmen vertreten wären, ist die Frage. Die Bundesregierung strebt eine 30-prozentige Frauenquote für die Aufsichtsräte der 108 größten Unternehmen an, bisher liegt der Frauenanteil weit darunter. Immerhin glauben mehr als die Hälfte der Frauen, dass die Quote ihre Aufstiegschancen verbessern würde.

Diese Diffamierungen und Abwertungen der Kompetenz und Wertigkeit von Frauen finden wir in allen Jahrtausenden:

Schon Perikles konstatierte (495 v.Chr. – 429 v.Chr.): »Eine gute Frau ist eine solche, über die man nicht spricht, nicht einmal mit lobenden Worten.«

Thomas von Aquin (1225–1275) toppte das noch: »Die Frau ist ein schwächliches, unvollkommenes Geschöpf, das seine Entstehung allein dem Zufall verdankt.«

Und im Art. 30 des österreichischen Vereinsgesetzes von 1867 stand folgende Diskriminierung: »Ausländer, Frauenspersonen und Minderjährige dürfen als Mitglieder politischer Vereine nicht aufgenommen werden.«

Entwertungen des Frauseins haben sich im kollektiven Unbewussten der Frauen eingegraben, weshalb es kein Wunder ist, dass sie schneller dazu neigen, sich minderwertig zu fühlen. Männer denken und verhalten sich eher grandios, da sie fast immer aufgewertet wurden. Ich möchte dennoch betonen, dass auch Männer eine weiblich narzisstische Struktur haben können, so wie Frauen eine männliche. Beide Geschlechter können jede Form annehmen.

Das »Unmenschliche« am weiblichen wie männlichen Narzissmus ist der permanente Druck, unter den die Menschen sich setzen, um ja keinen Fehler zu machen; die geringe Fähigkeit, sich zu loben und Erfolge anzuerkennen; und das Verbot, Unsicherheiten zu zeigen. Ein massives Korsett.

Erfreulicherweise positionieren sich Frauen trotz allem immer stärker am Arbeitsmarkt und machen Karriere. Sie besitzen hervorragende Führungsqualitäten, da sie teamfähig und emotional zugänglich sind und mehr Wert auf den Beziehungsaspekt legen. Eigenschaften, die unsere Arbeitswelt nötig braucht.

Macht Macht narzisstisch?

Macht und Narzissmus hängen untrennbar miteinander zusammen, weshalb sie auch von Hans-Jürgen Wirth siamesische Zwillinge genannt werden. Narzisstische Bedürfnisse sind im wesentlichen Machtbedürfnisse[20]: Man will wichtiger und mächtiger sein als die anderen. Großspurigkeit und Überheblichkeit sind die Vehikel, mit denen narzisstische Personen andere einschüchtern oder entwerten, um ihre Überlegenheit zu demonstrieren und zu erhalten. Machtverlust ist gleichbedeutend mit Gesichts- und Selbstverlust, eine Erniedrigung, die so unerträglich ist, dass es zu einem totalen Rückzug bis hin zum Selbstmord führen kann.

Da narzisstische Menschen gleichwertige Beziehungen meiden, die ihre Überlegenheit schmälern könnten, stellen sie ein Machtgefälle her, ein Oben und Unten. Es gibt die, die Macht haben, nämlich sie, und die, die sich unterwerfen, also die anderen. Für erstere gilt, »... dass gesellschaftliche Macht gesucht wird, um innere Gefühle von Ohnmacht, Hilflosigkeit und Minderwertigkeit zu kompensieren.«[21]

Doch nicht jede Machtausübung muss aus einem narzisstischen Bedürfnis heraus erfolgen. Ein Chef/eine Chefin beispielsweise hat aufgrund seiner/ihrer Position und der damit zusammenhängenden Entscheidungsbefugnis über Bezahlung, Inhalte und Arbeitszeiten in diesen Bereichen eine legitimierte Macht über seine/ihre Mitarbeiter.

Nicht ohne Grund werden diese auch als Untergebene betitelt. Sie begeben sich unter die Macht des anderen beziehungsweise müssen dies tun. Wie die Macht jedoch gelebt wird, ob autoritär, selbstbezogen oder demokratisch, hängt zum einen von dem umgebenden System ab, zum anderen von der Persönlichkeit des Mächtigen.

Wird die Macht beispielsweise zur Kontrolle der Angestellten eingesetzt, indem sie heimlich überwacht werden, ist das ein eindeutiger Machtmissbrauch und kann strafrechtlich verfolgt werden. Psychologisch ist es ein tiefer Vertrauensbruch, der durch Angst oder pervertierte Machtgelüste der Mächtigen motiviert ist.

Aber auch die Untergebenen haben Macht, wenn sie beispielsweise mit Streiks ihre Interessen bei den Arbeitgebern durchzusetzen versuchen, indem sie ihnen durch die Arbeitsniederlegung Druck machen. Das ist eine ihnen zugestandene legitimierte Macht, die allerdings keine Entscheidungsbefugnis beinhaltet und daher limitiert ist.

Macht kann verstanden werden als die Chance, gestaltend in den Ablauf von Ereignissen auch gegen Widerstand einzugreifen, um die eigenen Interessen durchzusetzen. Dazu braucht es Machtmittel wie Geld, Einfluss, Wissen, Informationen, Infrastruktur, aber auch Beziehungen, Schönheit oder Verführungskunst.

In der Politik spielen Macht und Machterhalt eine zentrale Rolle. Das sieht man beispielweise daran, dass sinnvolle und notwendige Entscheidungen aufgeschoben werden, nur weil sie die Wiederwahl gefährden könnten. Ein unerträglicher Machtmissbrauch, über den sogar offen gesprochen wird, als sei es das Normalste von der Welt.

Anhand der Geschichte des ehemaligen CDU-Politikers Barschel beschreibt Hans-Jürgen Wirth eindrücklich dessen narzisstische Deformation und sein Streben nach Macht:

»Sein außerordentliches Begehren nach gesellschaftlichem Aufstieg hing u. a. mit der Tatsache zusammen, dass er sehr unter dem Makel gelitten hat, in den ärmlichen Verhältnissen einer Barackensiedlung aufwachsen zu müssen ... Mit seiner unbändigen Großmannssucht versuchte Barschel, seine Unsicherheit und seine Schamgefühle zu übertünchen ... Barschel hatte sich ganz und gar, mit Haut und Haaren, seinem ehr- und prestigeträchtigen Amt als Ministerpräsident verschrieben ... So konnte er in den hehreren Gefilden der Macht und der besseren Gesellschaft eine soziale Existenz als geachteter und bewunderter Amtsinhaber finden, die seinem Leben Sinn und Richtung gab und die sein Prestige, als Zentrum seines Selbstbildes und seiner persönlichen Identität, aufrechterhielt.«[22]

Außerhalb seiner Minister-Macht war er niemand. Mit dem Verlust der Position und seiner Glaubwürdigkeit verlor er die Basis seiner Existenz und damit sein Leben.

Macht ist eine sehr, vielleicht die wirksamste und durchschlagendste Kraft, die jene beeinflusst, die sie in Händen haben. Sie verführt zu Größenwahn und Überheblichkeit und scheint nie genug zu sein. Das Streben nach immer mehr Macht in politischen Ämtern ist überall auf der Welt zu beobachten.

Es drängt sich daher die Frage auf, ob Macht nicht nur dem Narzissmus entspringt, sondern den Menschen sogar narzisstisch macht. Reinhard Haller beantwortet diese Frage mit einem klaren Ja: »Vielleicht werden erst bei Machtgewinn, in einer machtvoll gewordenen Position, die immer schon vorhandenen narzisstischen Tendenzen ausgelebt. Genauso aber scheint die Macht ganz normale Menschen narzisstisch zu verändern!«[23]

Mit Macht geht die Fähigkeit einher, sich größer und wichtiger zu fühlen. Sie nährt daher automatisch die Grandiosität. Und das umso mehr, je geringer die »Bodenhaftung« eines Menschen ist. Das ist die Fähigkeit, sich im Angesicht seiner Macht auf seine menschliche Begrenztheit zu besinnen und sich zu vergegenwärtigen, dass die momentane Macht an eine Position und nicht an die eigene Identität gebunden ist. Das gelingt nur dem, der mit sich und seinem wahren Selbst in Kontakt ist und nicht nur mit seinem narzisstischen Überbau. Denn dann wird die Grandiosität zur Identität und die Abhängigkeit von der Macht existenziell. Gerade wenn Selbstwertdefizite vorliegen wie durch eine ärmliche Herkunft und/oder andere Entwertungen, entsteht der Wunsch, es allen zu zeigen und die Scham zu überwinden. Für diesen Menschen wird Macht verführerisch und weckt seine narzisstischen Anteile.

Macht ist für viele auch eine Triebfeder, in einer Unternehmensberatung zu arbeiten. Die Auftraggeber sind aus dem Topmanagement, und die Berater haben teil an deren Macht und hohem Status. Gerade Unternehmensberater unterliegen häufig der Verlockung durch Macht und Status. Sie entwickeln ein Übermaß an Arroganz und neigen dazu, alles ausschließlich aus der Vorstandsperspektive zu sehen.

Im Film *Wir sind die Neuen* über die Wiederauflage einer 68er-Studenten-WG im Rentenalter wird das auf komische Weise deutlich. All jene Mitstreiter von damals, die heute Geld, Einfluss und Macht besitzen, verachten ihre früheren Kommilitonen und setzen sich mit Überheblichkeit und massiver Entwertung über sie hinweg. »Wir sind die Besseren und ihr die Loser.« Nichts erinnert mehr an Freundschaft und Zusammenhalt der frühen Zeiten, im Gegenteil, es herrscht Verachtung ohne persönlichen Bezug. Als ginge es nicht um die Menschen, sondern nur um den ökonomischen und gesellschaftlichen Stand.

Gefangen im fremden Selbst

Es sind nicht nur die materiellen, kognitiven und sozialen Verfügbarkeiten, die Macht geben, sondern auch seelische »Manöver«, die willentlich oder unwillentlich eingesetzt werden, um andere Menschen zu manipulieren. Das, was narzisstische Menschen tun, um Macht über den anderen zu bekommen, lässt sich anhand des Konzepts des »expanded self« beschreiben. Dieser Begriff stammt von Frank Petermann und bedeutet »ausgedehntes Selbst«[24].

Das expanded self beschreibt eine »vereinnahmende innere Haltung« der Umwelt gegenüber, bei der der andere seines Selbst beraubt wird und die der Erweiterung des eigenen Selbst dient. Der andere wird sozusagen einverleibt und zu einem Teil von einem selbst. Auf diese Weise zwingt der narzisstische Mensch dem anderen seine Definition auf. Das bedeutet, er wird so, wie ihn der narzisstische Mensch sieht und haben will. In der Regel entweder idealisiert, »Du bist die beste Mitarbeiterin, die ich je hatte«, oder abgewertet, »Du taugst nichts«. Je nach der Definition, die die Person erhält, wird sie sich fühlen und verhalten. Ein eher selbstunsicherer Mensch wird sich durch die Idealisierung im Höhenflug befinden und sein narzisstisches Gegenüber dafür lieben und ihm bedingungslos folgen. Durch die Abwertung wird er total verunsichert und am Boden zerstört sein und sich unterwürfig anpassen, um doch noch Anerkennung zu bekommen. Er wird zu einer Marionette in den Händen des narzisstischen Menschen, der auf diese Weise das autonome, selbstbestimmte Verhalten des anderen unterbindet. Das reduziert seine Angst und stärkt seine Überlegenheit.

Wie die psychologische Machtausübung durch ein expanded self funktioniert, zeigt folgendes Beispiel von der Begegnung mit der Polizei:

Eines Tages kam die Schwesternhelferin Irmgard zu mir ins Coaching, weil sie immer noch unter einem erschreckenden Erlebnis litt. In ihrem Nachtdienst in einer Einrichtung für psychisch behinderte Menschen kamen zwei Bewohnerinnen in Streit und fingen an, sich zu schlagen. Der Streit eskalierte und drohte, auf einige umstehende Frauen überzugreifen. Es war eine sehr brenzlige Situation, die Irmgard mithilfe von zwei nicht beteiligten Bewohnerinnen unter Kontrolle brachte. Sie wirkte beruhigend und deeskalierend auf die Frauen ein und hoffte, den Konflikt beigelegt zu haben. Doch nach einer halben Stunde ging der Streit wieder los, diesmal noch brutaler als zuvor. Nach Rücksprache mit ihren Kollegen rief sie die Polizei, weil sie Angst hatte, dass die Frauen sich etwas antun könnten.

Es kamen zwei männliche Polizisten, was die Spannung im Haus voller Frauen erhöhte. Da die Angreiferin sehr aggressiv war, führten die Polizisten sie ab und brachten sie in Gewahrsam. In dieser Zeit sprach Irmgard mit der anderen Frau, verband ihr eine kleine Wunde und veranlasste, dass alle wieder in ihre Zimmer gingen.

Die Polizisten kamen zurück, um ein Protokoll aufzunehmen. Irmgard bat sie, die Befragung auf den nächsten Tag zu verschieben, da sie sehr müde sei, doch das lehnten sie ebenso ab, wie ihre Bitte, ins Büro zu gehen. Sie wollten unbedingt auf dem Stockwerk mit ihr reden, wo der Vorfall stattgefunden hatte, und gingen mit ihr nach oben. Dort befand sich auch ihr eigenes Zimmer, in das sie einfach eintraten, obwohl sie auch das nicht wollte. Da es sehr spät war und sie erschöpft und noch etwas zitterig von der Auseinandersetzung war, hatte sie keine Kraft, sich zu wehren. Der eine setzte sich auf einen Stuhl, der andere blieb im Türrahmen stehen, ihr selbst blieb nur das Bett, auf das sie sich setzte. Was ihr besonders peinlich war, war, dass ihre Unterwäsche im Zimmer lag und BH und Höschen für die Polizisten deutlich sichtbar waren. Sie schämte sich sehr und war wie gelähmt. Sie fühlte sich überwältigt, zwei Männer gegen eine Frau und noch dazu in einer entwürdigenden Position. Sie kam sich vor wie das Kaninchen vor der Schlange und war unfähig, Einfluss zu nehmen. Zudem wertete sie sich ab, weil sie dachte,

»wegen so was« gleich die Polizei zu holen, wäre doch nicht nötig gewesen. Wie stand sie jetzt vor den zwei Männern da, klein, hilflos und als Versagerin. Sie war total verunsichert und hätte nicht einmal rausrennen können, weil der ältere Polizist den gesamten Türrahmen einnahm. Er stand mit verschränkten Armen da, sagte nichts und grinste nur. Vielleicht sollte das Freundlichkeit signalisieren, doch in ihren Augen wirkte es eher bedrohlich. Der jüngere, dem in dieser Situation auch zunehmend unwohl wurde, beendete die Befragung bald und überredete seinen älteren Kollegen, mit ihm das Zimmer zu verlassen. Als die beiden Männer draußen waren, fiel die Starre von Irmgard ab, und sie weinte bitterlich. So schutzlos und mies hatte sie sich lange nicht mehr gefühlt. Warum hatte sie das alles zugelassen? Sie war doch sonst nicht so schüchtern! Eine Antwort darauf fand sie nicht, und bis heute hat sie diese überwältigende Situation nicht vergessen. Denn der Schutz, den sie suchte, wandelte sich in Bedrohung. Und einen Freund und Helfer fand sie in dieser Begegnung mit der Polizei nicht.

Es ist deutlich spürbar, wie Irmgard regelrecht lahmgelegt wird und sich im Kontakt mit den zwei Polizisten nicht wehren kann. Es ist besonders schwer, sich als Frau in einer so unterlegenen Situation gegen zwei Männer durchzusetzen, die mit Macht ausgestattet sind und am längeren Hebel sitzen. Was ist hier passiert? Aus der überlegenen Position der zu Hilfe Gerufenen können sie als Mächtige diktieren, wie Irmgard sich fühlt und verhält. Sie schüchtern sie durch ihre Haltung und Mimik ein und bestimmen, wie die Situation abläuft. Es ist keine emotionale Regung zu spüren, kein Eingehen auf ihre Angst und keine einfühlsame Unterstützung, sondern nur die Demonstration von Überlegenheit und die Überschreitung der Grenzen. Haben sie nicht gespürt oder wollten sie nicht spüren, dass sie in den Intimraum eingedrungen sind und ihre Macht missbraucht haben? Wie es den Polizisten dabei ging, was sie gefühlt und gedacht haben und was sie zu ihrem Verhalten veranlasste, wissen wir nicht. Aber wir erkennen, dass die Hilfesuchende nicht als eigenständiges Gegenüber behandelt, sondern in eine erniedrigende Haltung manipuliert wurde, gefangen im fremden Selbst.

Das obige Beispiel zeigt, wie notwendig es ist, solche subtilen Machtstrukturen aufzuzeigen, bewusst zu machen und zu beenden. Das wäre Aufgabe der Ausbildung oder eines Führungstrainings, was ja nicht nur bei der Polizei stattfindet, sondern in allen Berufssparten.

Ideenklau

Mit dem expanded self erklärt sich nicht nur die psychologische Macht, sondern auch das Phänomen narzisstischer Menschen, sich mit Ideen, Gedanken und Leistungen anderer zu schmücken. Sie geben sie als ihre aus, obwohl ein anderer der Urheber ist. Indem sie ihr Selbst über den anderen ausdehnen, machen sie ihn zu einem Teil von sich, und damit auch das, was der andere sagt und tut.

Nicht das getrennte Gegenüber mit eigenen Impulsen, Gefühlen und Bedürfnissen wird gesehen, sondern es wird einverleibt. Es geht also nicht um den anderen, sondern um einen selbst. Das expanded self, die Ausdehnung des eigenen Selbst auf den anderen, ist sozusagen der Mechanismus für die eigene Selbstbezogenheit. Das heißt, der narzisstische Mensch bezieht alles auf sich und meint, der Urheber dessen zu sein, was er im Außen, beim anderen, erlebt.

Das kann so weit gehen, dass alles, was der andere sagt, so umdefiniert wird, als seien es die eigenen Gedanken. Auch die Handlungen des anderen werden durch das expanded self so erlebt, als seien sie eigentlich die Folge eigener Intentionen.

Auf diese Weise wird der Erfolg des Mitarbeiters zum Sieg des Vorgesetzten umdefiniert. Aber auch umgekehrt wird das Versagen des anderen zum eigenen Versagen oder man selbst wird zum Urheber eines Unglücks, mit dem man im Grunde nichts zu tun hat.

Die Macht desjenigen, der aktiv ein expanded self mit dem anderen herstellt, liegt in der Möglichkeit, sich selbst und den anderen zu definieren und die Beziehung nach den eigenen Regeln zu gestalten. Der Definierte ist dabei der passive Teil, der sich unterwirft, die Definition des anderen annimmt und sich danach verhält.

Die narzisstische Wunde

Die Grunderfahrung narzisstischer Menschen ist, nie als die Person wahrgenommen und akzeptiert worden zu sein, die sie sind, sondern immer anders sein zu müssen, um die Liebe der anderen nicht zu verlieren. Daraus erwächst zum einen das Gefühl, alleingelassen und missverstanden zu werden, und zum anderen der tiefe Wunsch, endlich als sie selbst gesehen und angenommen zu werden. Doch genau davor haben sie auch große Angst, weil sie glauben, nicht gut genug oder nicht richtig zu sein.

»Damit sich ein Gefühl der Identität entwickeln kann, bedarf es eines Gegenübers, das durch Liebe und Anerkennung das Selbstgefühl bestätigt oder überhaupt erst konstituiert.«[25]

Genau diese Erfahrung haben narzisstische Menschen nicht gemacht, ihnen fehlt die Erfahrung, die man in der Psychologie Spiegelung nennt: Von der Umwelt gesehen, verstanden und ernst genommen werden.

Der Psychologe Donald Winnicott beschreibt in einem Bild, was damit gemeint ist: »Die Mutter schaut das Baby an, das sie im Arm hält, das Baby schaut in das Antlitz der Mutter und findet sich selbst darin ... vorausgesetzt, dass die Mutter wirklich das kleine einmalige, hilflose Wesen anschaut und nicht ihre eigenen Introjekte, auch nicht ihre Erwartungen, Ängste, Pläne, die sie für das Kind schmiedet, auf das Kind projiziert. Im letzteren Fall findet das Kind im Antlitz der Mutter nicht sich selbst, sondern die Not der Mutter. Es selbst bleibt ohne Spiegel und wird in seinem ganzen späteren Leben vergeblich diesen Spiegel suchen.«[26]

Säuglinge und kleine Kinder gehen offen und interessiert auf die Umwelt zu und sind existenziell darauf angewiesen, gespiegelt und beantwortet zu werden, um ein Selbst und Selbstbewusstsein auszubilden. Selbstvertrauen entsteht über Anerkennung und Akzeptanz. Zuneigung und Interesse für andere entwickelt sich durch das Interesse und die liebevollen Reaktionen auf einen selbst.

Im Märchen *Schneewittchen*, das eine Metapher für den weiblichen Narzissmus darstellt, sagt die Königin: »Ach, hätt' ich doch ein Kind, so weiß wie Schnee, so rot wie Blut und so schwarz wie Ebenholz.« Das bedeutet, dass von dem Kind bereits ein Bild gezeichnet ist, bevor es überhaupt gezeugt ist. Doch was passiert, wenn das Kind nicht schwarz-weiß-rot sondern grün-gelb kariert auf die Welt kommt?

Reagiert die Umwelt mit Interesse und Zuneigung, dann kann das Kind sich so entwickeln, wie es ist, und seine authentische Identität ausbilden. Fordert die Umwelt aber die Anpassung an das schwarz-weiß-rote Bild, dann muss es sein grün-gelbes Wesen verleugnen und sich eine schwarz-weiß-rote Maske aufsetzen. Diese Person wird ihr ganzes Leben lang befürchten, dass jemand das Grün-Gelb sehen könnte und sie dann die Liebe und Zuneigung verliert, wie es in der Kindheit war.

Dieser Mechanismus ist unter dem Begriff der narzisstischen Ausbeutung bekannt. Das Kind soll eine bestimmte Rolle einnehmen, um das narzisstische Defizit der Bezugspersonen auszufüllen. »Sei so, wie ich dich brauche, dann liebe ich dich.« Der Preis für Liebe ist hoch, nämlich die Aufgabe der eigenen Identität. Das Kind entwickelt die Grundüberzeugung: »Bin ich so, wie ich bin, verliere ich die Zuneigung. Nur wenn ich so bin, wie die anderen mich haben wollen, werde ich geliebt und beachtet.« Diese Menschen sind ein Leben lang nicht mit ihrem wahren Selbst in Kontakt, sondern immer nur mit ihren Vorstellungen davon, wie sie zu sein haben, um für andere liebenswert zu sein.

Kein Wunder also, dass narzisstische Erwachsene permanent nach Bestätigung und Anerkennung von außen suchen, denn das ist zum einen die einzige Quelle für ihren Selbstwert, zum anderen aber auch die Möglichkeit, dazuzugehören und ernst genommen zu werden. Und wie bekommt man Bestätigung und Anerkennung besser als über Leistung, Erfolg, Karriere und Geld? Die meisten haben dieses Prinzip schon sehr früh verinnerlicht, weil sie entweder in einer leistungsorientierten Familie groß wurden, in der sie nur über gute Noten Anerkennung bekamen, oder sie haben sich aus einem unterprivilegierten Milieu hochgearbeitet, um nicht dasselbe Schicksal zu erleiden wie die Eltern. Wer genug Motivation und Intelligenz besitzt und das Glück hat, einen Mentor zu finden, der den Weg nach oben unterstützt, kann es schaffen, aus einer niederen Herkunft in die höchsten Führungsebenen zu kommen. Er wird alles tun, um dort zu bleiben, und mitunter verachtend auf seine Familie herabschauen und auf die, die es nicht geschafft haben.

»Ich will, dass sie mich lieben«

Auf die Frage des Interviewers: »Was ist Ihnen lieber, wenn die Leute Sie fürchten oder verehren?« antwortete der Maler Markus Lüpertz: »Ich will, dass sie mich lieben.« Und das bedeutet für ihn, dass sie ihn verehren, vergöttern und glauben, was er sagt. Selten formuliert es jemand so offen und ehrlich, auch wenn es etwas anmaßend klingt. Doch als Gegenwartskünstler mit seinem Ruf und seiner Position kann er es sich leisten. Er gilt als Malerfürst, Genie, Geck und Poseur, ist Professor, Doktor, Rektor und Senator. Am liebsten würde er mit Meister angeredet werden, wird aber immer als Magnifizenz Prof. Dr. Markus Lüpertz vorgestellt.[27]

Der Wunsch narzisstischer Menschen, von allen geliebt zu werden, entspringt ihrer Unsicherheit über ihren Wert. Denn durch die narzisstische Ausbeutung und die Anpassung an ein Bild fehlt ihnen die nötige Spiegelung, die dem Menschen Bestätigung und eine existenzielle Basis gibt. Wer in der Kindheit wenig oder gar nicht gespiegelt wird, entwickelt ein permanentes Verlangen nach ständiger Bewunderung und das Gefühl, ohne diese nicht leben zu können. Sie streben daher unermüdlich danach, gut auszusehen, körperlich topfit zu sein und viel zu leisten. Das Dilemma liegt jedoch darin, dass sie vom Erreichen dieser Ziele abhängig sind, um sich gut zu fühlen bzw. eine Existenzberechtigung zu erhalten. Es ist sozusagen ihre Lebensbasis, schön, erfolgreich und bewundernswert zu sein. Sie streben immer danach, ein positives Echo zu erhalten. Im Grunde tun sie die wenigsten Dinge für sich, weil sie ihnen Spaß machen oder guttun, sondern sie tun das meiste, um anderen zu gefallen.

Die Suche nach Liebe ist ein elementares menschliches Bedürfnis, denn ohne Liebe und Zuneigung können wir nicht leben, höchstens überleben. Doch bedeutet Liebe wirklich, verehrt und vergöttert zu werden? Fordert Liebe, anderen permanent gefallen zu müssen? Ist es nicht eher Bewunderung, die sie suchen, als Liebe? Nach Alice Miller verechseln narzisstische Menschen fälschlicherweise Liebe mit Bewunderung. Bewunderung ist an bestimmte Merkmale und Fähigkeiten gebunden, Liebe dagegen richtet sich auf den ganzen Menschen mit seinen Stärken und Schwächen. Bewunderung bleibt daher eine Ersatzbefriedigung für den eigentlichen, nie erfüllten Wunsch nach Achtung, Annahme und Liebe.

Kohut beschreibt es folgendermaßen: »Die unerfüllten narzisstischen Bedürfnisse (nach Spiegelung, Anerkennung, Wertschätzung, Schutz, Sicherheit, (Ur)Vertrauen, Orientierung, Verfügbarkeit, Zugehörigkeit, Autarkie- und Dominanzstreben etc.) aus der Kindheit des Patienten, mit denen er in Berührung kommt, die er akzeptieren und äußern muss, liegen tief unter einer lautstarken Selbstsicherheit vergraben und sind von einer Mauer aus Scham und Verletzbarkeit umgeben«.[28]

II

NARZISSMUS IN DER ARBEITSWELT

Narzissmus im Beruf

Mit Narzissmus am Arbeitsplatz verbinden wir die Vorstellung selbstbezogener Menschen, die nur darauf aus sind, die Besten zu sein und unsere Bewunderung zu erhalten. Sie gebärden sich selbstsüchtig, schauen nur auf ihren Vorteil und gehen sogar so weit, sich die Erfolge der anderen zu eigen zu machen. Menschen mit narzisstischen Strukturen gibt es nicht nur in den höchsten Führungsebenen, sondern auch unter Kollegen, die uns aus Neid meiden oder sogar anschwärzen und mit denen keine Zusammenarbeit möglich ist. Wir dürfen jedoch unsere eigenen narzisstischen Anteile nicht vergessen, mit denen wir anderen Probleme bereiten, indem wir uns auf der Suche nach Bestätigung besonders anstrengen und uns von keinem in die Karten schauen lassen.

Sylvia arbeitet als Betriebswirtin in einem mittelgroßen Betrieb. Ihren Kollegen ist sie ein Dorn im Auge, da sie zum einen arrogant wirkt, zum anderen schnell zupackt und Aufgaben sofort und superkorrekt erledigt. Sie selbst leidet unter der Ausgrenzung, die sie durch ihre Kollegen erlebt. Sie geben ihr Informationen nicht weiter, verweigern ihr nötige Unterlagen oder reagieren nicht auf ihre Bitten. Deshalb beklagt sie sich heftig über die anderen und wertet sie ab. Sie nennt sie illoyal, hat an jedem etwas auszusetzen und hält sie auf diese Weise auf Distanz. Da sie auf Gerechtigkeit aus ist, kann sie es nicht ertragen, wenn Kollegen häufig krank sind. Dann unterstellt sie ihnen, blauzumachen. Sie selbst fühlt sich ausgenutzt, weil sie sich abrackert, während die anderen faulenzen. Im Laufe des Coachings wird ihr bewusst, dass sie so viel und schnell arbeitet, weil sie unbedingt gelobt werden und die Beste sein will. Sie konkurriert um Platz eins, so wie sie es früher mit ihrem Bruder tat. Keiner der Kollegen ahnt hinter der Strebsamkeit und Strenge ihre Angst, nicht gut genug zu sein, und ihr tiefes Bedürfnis, von anderen bestätigt zu werden. Dass ihre Kollegen sich zurückziehen, weil sie sich ihrerseits von ihr nicht anerkannt fühlen, lernt sie erst langsam zu akzeptieren.

Narzisstische Strukturen machen den Arbeitsalltag schwer, sie verhindern Teamwork und gegenseitige Unterstützung. Denn wer der/die Beste sein will, kann sich nicht der Gruppe unterordnen, weil dann die eigenen Erfolge nicht mehr auffallen. Für einen narzisstischen Menschen ist das wie ein Todesurteil. Wo soll er die Stärkung für sein Ego herbekommen, wenn nicht durch die Anerkennung als Primus? Aus dieser Not führt nur die Entwertung der Kollegen heraus. Je schlechter diese dastehen, umso besser schneidet man selbst ab. Mit so einem Kollegen arbeiten zu müssen, macht keinen Spaß, sondern ist ein täglicher Kampf, der einen an seine Grenzen bringt, schlimmstenfalls Racheimpulse weckt. Das kann der Beginn einer Mobbingentwicklung werden, mit dem Ergebnis, dass einer gehen muss.

Meetings als narzisstische Bühne

Mangelhafte Informationsvermittlung wird nicht nur narzisstischen Führungskräften vorgeworfen, sondern ist auch, wie im Fall von Sylvia, eine häufig angewandte Methode unter Kollegen, um anderen zu schaden. Das wäre ein Argument für mehr Abteilungsbesprechungen und Konferenzen, die ja dazu dienen sollen, Informationen zusammenzutragen und gemeinsame Strategien zu entwickeln. Doch oft sind sie nichts anderes als eine Bühne für narzisstische Chefs und Kollegen, deren Redeanteil überproportional hoch ist, sodass viele andere, vorwiegend Frauen, kaum zu Wort kommen. Denn in Meetings kann man der Belegschaft die eigenen Stärken demonstrieren, auch wenn man dazu fremde Ideen als die eigenen ausgibt. Gemeinsam erarbeitete Vorschläge werden vom Alphatier mit den Worten: »Ich habe mir überlegt!« vorgetragen, man selbst kommt gar nicht mehr vor. Der Einwand

»Die Idee kam aber von mir« würde entweder nur auf Heiterkeit oder Ablehnung stoßen, die Blamage wäre unerträglich. Also schweigt man in der Hoffnung, sich das nächste Mal zeigen und behaupten zu können. Doch die Motivation sinkt stetig, ebenso wie die Furcht vor den dominanten Kollegen steigt.

Die Psychologin und Trainerin Monika Stützle-Hebel lehrt Strategien, um im Meeting nicht unterzugehen. Es sei außerordentlich wichtig, sich gut darauf vorzubereiten, vor allem, wenn man dazu neigt, anderen den Vortritt zu lassen, und auf diese Weise von den Selbstdarstellern überrannt wird. Denn bei schlecht strukturierten und mangelhaft vorbereiteten Sitzungen können sich die narzisstischen Chefs und Mitarbeiter grenzenlos ergehen. Man sollte daher künftig dafür sorgen, dass die eigenen Themen am Anfang besprochen werden, und sich überlegen, was man von den anderen braucht. Am besten man formuliert konkrete Fragen. Der Nebeneffekt: Man wird sichtbar!

Die psychologische Funktion von Meetings besteht laut Wirtschafts- und Organisationspsychologe Felix Brodbeck darin, sich zu vergewissern, wie wichtig man ist und welches Ansehen man beim Chef besitzt. Den eigenen Raum abzustecken und auszufüllen ist dabei eine kluge Strategie.

Doch nicht immer kommt man mit dieser sachorientierten Haltung zum Ziel, da es bei Meetings oft mehr um Macht als um den Inhalt geht. Es werden Rivalitäten ausgefochten, Animositäten veröffentlicht oder unterschwellig ausgedrückt. Man beobachtet genau, wie die anderen sich beim Chef einschleimen, und entwickelt Strategien, um sie auszustechen. Ein ideales Feld für narzisstische Spiele. In einem solchen Klima ist es sehr schwer, inhaltlich zu argumentieren und zu punkten. Klug, wer sich von diesen Spielchen distanziert, diplomatisch reagiert, sich keiner Seite offen zuschlägt und die wichtigen Arbeitsbelange dort anbringt, wo sie auf offene Ohren und Interesse stoßen. Oder man wird zum Einzelkämpfer im Haifischbecken. Das liegt aber nicht jedem und ist nicht nur sehr kräftezehrend, sondern kann auch gefährlich sein. Denn wer im Kollegenkreis nicht gut vernetzt ist, kann an den Rand gedrängt und im Konfliktfall fallen gelassen werden.

Ohnmacht in schulischen Organisationen

Das Schulwesen ist ein stark hierarchisches System, das dem Kultusministerium als übergeordneter Schulbehörde und den jeweiligen Regierungsbezirken unterstellt ist. Innerhalb der Schule bestimmt die Schulleitung die Geschicke der Schüler und Lehrer. Sie besteht aus dem Schulleiter und den Konrektoren als Stellvertretern. Um Schulleiter zu werden, muss man zuerst einige Zeit Konrektor gewesen sein. Doch was, wenn die eigene Wartezeit noch nicht erfüllt ist, aber der Leitungsposten besetzt werden muss? Dann sehen sich die Konrektoren mit einer von außen kommenden Person konfrontiert, die weder die Historie der Schule kennt noch die bestehenden Regeln, Werte und Bündnisse. Für beide Seiten eine prekäre Situation, in der der Machtkampf vermutlich schon vor Amtsantritt beginnt. Den Ausgang dieses Kampfes bestimmen auf der einen Seite die fachliche Kompetenz und Persönlichkeit der neuen Leitung und der Konrektoren, auf der anderen Seite die Struktur der Organisation.

Um als Schulleitung Erfolg zu haben, braucht man ein stabiles Selbstwertgefühl, das Gespür für die Stimmungen und Bedürfnisse der Mitarbeiter und Fingerspitzengefühl bei der Einführung von Veränderungen, gepaart mit der Ausstrahlung von Autorität und Überzeugungskraft.

Diese Eigenschaften und Fähigkeiten besaß Paul nur ansatzweise. Er war sehr gewillt, eine gute Nachfolge anzutreten, und holte sich zur Vorbereitung schon im Vorfeld Unterstützung im Coaching, denn er wollte die Fehler, die er an der letzten Schule gemacht hatte, vermeiden. Gut gewappnet begann er seine Arbeit, die zu Beginn auch zufriedenstellend lief, denn er besaß große fachliche Kompetenz. Deshalb war er ja auch zum Schulleiter aufgestiegen. Doch die Konflikte sowohl mit einzelnen Lehrern als auch mit den Konrektoren spitzten sich immer mehr zu. Das lag zum einen daran, weil eine Konrektorin auf den Leitungsposten aus war und ihm die Unterstützung verweigerte. Er war für sie nur ein unwillkommener Eindringling, den es zu entfernen galt. Zum anderen deckte er viele Missstände auf, die von der bisherigen Leitung stillschweigend geduldet und von den Konrektoren gedeckt worden waren. So merkte er, dass einige altgediente Lehrer Sonderregelugen bei der Einteilung der Unterrichtsstunden bekamen, um Montag und Freitag frei zu haben. Oder dass Zahlungen für Lieblingsprojekte an einzelne Lehrer gingen, was niemand nachprüfen konnte. Oder dass etliche formale Vorgaben im Schulalltag nicht eingehalten wurden.

Da Paul alles richtig machen wollte und Angst hatte, irgendwann für diese Unregelmäßigkeiten den Kopf hinhalten zu müssen, ging er gegen sie vor, was wie ein Stich ins Wespennest war. Im Grunde hatte er jetzt schon verloren, weil er es versäumt hatte, zuvor die Belegschaft mit ins Boot zu holen. Er war allein auf weiter Flur, hatte nur zwei Lehrer, die ihm zustimmten, und stieß ansonsten überall auf Widerstand und Ablehnung. Es wurde immer häufiger gemunkelt, dass man ihn am liebsten weghaben wollte. Gemäß seiner narzisstischen Struktur schaltete er nun auf stur nach dem Motto: »Wenn ich mich nur richtig anstrenge, schaffe ich das schon. Ich zeig's euch«. Also stürzte er sich mit aller Kraft in den Kampf und fing an, aufzuräumen. Seine Ängste und Unsicherheiten versteckte er hinter permanenter Kontrolle und autoritärem Gebaren. Auf der anderen Seite ließ er sich viel bieten und setzte beispielweise bei Anfeindungen oder Arbeitsverweigerung keine klaren Grenzen. Er bekam keine Unterstützung mehr von den Konrektoren, sondern musste sich immer vehementer gegen die Konkurrenz derjenigen wehren, die auf seine Stelle aus war. Paul geriet zunehmend unter Druck, fühlte sich bedroht und in die Enge getrieben. Er sah sich nur noch Feinden gegenüber, vor denen er sich schützen musste. Er litt sehr unter den massiven Angriffen und der Kritik. Sein Schutz war Härte und Unzugänglichkeit. Er ließ keinen mehr an sich heran, verteilte Arbeitsaufträge ohne Erklärung und verhinderte jede Form von klärender und verbindlicher Kommunikation. Dass die Kollegen von ihm als Leiter Verständnis für die schwierige Situation erwarteten und gesehen und gehört werden wollten, sah er vor lauter paranoiden Ängsten nicht. Im Gegenteil, er war es, der genau das von ihnen brauchte. An diesem Punkt wiederholte sich Pauls Kindheitsgeschichte. In seiner Familie fühlte er sich auch immer allein gelassen, weil viel Gewalt und Abwertung zwischen Eltern und Kindern herrschten. Er rettete sich damals, indem er dem Kontakt aus dem Weg ging, sich in sich zurückzog und verstummte. Er flüchtete in ein grandioses Selbst aus Unberührtheit und Machtanspruch. Seine Angst und Unsicherheit durfte er nicht zeigen und versteckte sie hinter Autoritätsvorstellungen: »Eines Tages werden sie mich nicht mehr verletzen können, dann bin ich mächtig«. Seine Verletzlichkeit blieb jedoch, obwohl er jetzt als Schulleiter eine Machtposition besaß. Aber anders als früher, als es niemanden gab, der ihm half, holte er sich jetzt Unterstützung bei der Schulbehörde, die ihm auch eine Zeit lang den Rücken stärkte. Schließlich jedoch wurde die Ablehnung durch die Lehrerschaft so massiv, dass sogar diese Behörde unter Druck geriet. Man warf ihr Tatenlosigkeit vor und verlangte die Absetzung des Leiters. Nachdem der Landrat auch noch das Kultusministerium eingeschaltet hatte, ging alles ganz schnell, und Paul wurde von heute auf morgen versetzt. Nun hatte die Konrektorin freie Bahn und nahm die wieder frei gewordene Leitungsstelle endlich ein.

Niemand deckte auf, dass es sich um eine organisatorische »Kampf-Spiel-Situation« als Basis dieses Mobbings handelte.

Bei der Erklärung von Mobbingprozessen sind die »Mikropolitik«, die Machtstrukturen und daraus folgenden »Kampf-Spiel-Prozesse« einer Organisation von besonderer Bedeutung. In diesem Sinne muss man bei jeder Analyse eines Mobbing-Phänomens die jeweilige Geschichte einer Organisation und ihrer Führungsfiguren betrachten, denn gerade historische Besonderheiten eines Systems stellen oft den Ausgangspunkt für Mobbing dar.[29]

Genau das traf auf Pauls Schule zu. Es herrschten alte Vorteilsnahmen und Vereinbarungen, die er unterband und auf die Einhaltung der Regeln pochte. Doch die übergeordneten Institutionen waren nur auf Schadensbegrenzung bedacht und zeigten keinerlei Interesse, die Gründe für die Konfliktlage woanders als bei Paul selbst zu suchen. Er wurde zum Schuldigen gestempelt, der die gesamte Verantwortung und die Konsequenzen zu tragen hatte und als Bauernopfer fungierte, um eine aktuelle Schieflage zu befrieden. Und diese Konstellation passte wiederum zu Pauls Kindheitserfahrungen. Er war am Ende immer der Schuldige für Konflikte zwischen den Eltern gewesen und musste sie ausbaden. Früher hatte er damit das Familiensystem entlastet und heute die involvierten Institutionen und zuständigen Sachbearbeiter. Seine Versetzung war die scheinbar einzige Lösung, die der Schulbehörde zur Verfügung stand. Doch dadurch änderten sich weder die pathologische Struktur der Schule noch Pauls psychologische Defizite im Umgang mit Problemsituationen. Alles würde so weitergehen wie bisher und das Schulwesen mit seinen dysfunktionalen Strukturen verfestigen.

Was macht der Beruf aus uns?

Jeder Beruf und die damit zusammenhängende Organisationsstruktur, in der ein Mensch arbeitet, hat einen Einfluss auf die Ausprägung seines Selbstwertgefühls bzw. seiner narzisstischen Anteile. Das bedeutet, Menschen werden durch ihren Beruf sozialisiert. Dabei identifizieren sie sich nicht nur mit den Inhalten, sondern auch mit dem Status.

Ein wesentlicher Wirkmechanismus der beruflichen Sozialisation ist die Entwicklung einer Corporate Identity, also der Identität eines Unternehmens. Sie definiert die betriebliche Kommunikation, das Wertesystem, die Unternehmenskultur und das darauf beruhende Verhalten der Mitarbeiter. Durch die Identifikation der Mitarbeiter mit dem Unternehmen übernehmen sie die Werte und passen ihre eigene Identität diesen beruflichen Normen an.

»Mittlerweile geht man zunehmend davon aus, dass die Solidarität und Identifikation der Mitarbeiter mit dem Unternehmen die entscheidenden Momente dafür sind, dass unternehmensexterne Zielgruppen Vertrauen zum Unternehmen gewinnen.«[30] Je mehr die Mitarbeiter sich der Corporate Identity anpassen, umso effektiver kann das Unternehmen agieren. Das wiederum beeinflusst die Außenwirkung einer Organisation und deren Vertreter positiv und prägt die Bewertung des Unternehmens. Durch die Identifikation überträgt sich der Erfolg auf die einzelnen Mitarbeiter und stärkt deren Selbstwertgefühl: »Ich bin einer aus dieser tollen Firma, also bin ich wer!«

Dieser Mechanismus zeigt, dass Narzissmus kein individuelles Faktum ist, sondern ganze Organisationen betreffen kann. Man spricht dann vom »kollektiven Narzissmus« im Sinne einer narzisstischen Unternehmenskultur. Unhinterfragt würden die dort Tätigen voller Stolz und Überzeugung sagen: »Wir arbeiten im besten Unternehmen.«

»Eine solche Unternehmenskultur kann durch eine narzisstische Führungspersönlichkeit wesentlich beeinflusst sein«, da »die vorherrschende psychologische Ausrichtung der Schlüsselpersonen in einer Organisation die wichtigsten Determinanten des neurotischen Stils dieser Organisation bildet«.[31] Mit anderen Worten: Je narzisstischer das Führungspersonal oder der Chef, umso narzisstischer die Organisation im Sinne einer einseitigen Identifikation mit der Grandiosität. »Wir sind die Besten« spornt auf der einen Seite zu Höchstleistungen an, endet aber auch in mangelnder Selbstkritik und Überheblichkeit. Das führt zur Blindheit gegenüber kritischen Informationen von außen und innen und kann die gesamte Organisation gefährden.

In der Allensbacher Berufsprestige-Skala stehen die Ärzte an erster Stelle. Ihnen wird am meisten Achtung entgegengebracht und ihr Berufsstand am meisten geschätzt. Der Begriff »Götter in Weiß« sagt alles. Dieses positive Image färbt auf die ab, die diesen Beruf ausüben. Wir sehen bei ihnen aber auch den Mangel an Selbstkritik und stattdessen ein System der gegenseitigen Fehlervertuschung.

Schauspieler oder Stars der Musikbranche sind auf dieser Skala nicht aufgeführt, stehen dennoch hoch im Kurs und sind im Wesentlichen ein Produkt des Publikums, das sie idealisiert und hochjubelt. Wer solchermaßen auf das Podest gestellt wird, kann sich fast nicht dagegen wehren. Stellen Sie sich einmal vor, Sie wären so eine Berühmtheit und würden permanent die Cover der Zeitschriften zieren, Ihnen würde der rote Teppich ausgelegt, die Menschen stünden stundenlang für ein Autogramm von Ihnen an oder nur, um einen Blick auf Sie werfen zu können? Das hätte eine Wirkung, der Sie sich nur schwer entziehen könnten. Irgendwann hielten Sie es für normal, so besonders zu sein, legten sogar Wert darauf, dass andere Sie bevorzugt behandeln, und würden sich beschweren, wenn das nicht der Fall wäre. »Wissen Sie denn nicht, mit wem Sie es zu tun haben?« Was so viel heißt wie: »Ich bin etwas Besonderes, etwas Besseres und erwarte von Ihnen ein entsprechendes Verhalten. Behandeln Sie mich nicht in der erwarteten Weise, bin ich gekränkt und werde Sie dafür verachten.« Dass das Überheblichkeit ist, spüren viele nicht. Denn sie haben sich von »normalen« Menschen weit entfernt und leben nur noch grandiose Beziehungen mit ihresgleichen.

Erich, ein Unternehmensberater, erlebte eine solche Wandlung bei seinem früheren Kompagnon Markus, der sich im Laufe der Zeit und durch die Insignien der Macht sehr verändert hatte. Markus war ein bodenständiger Typ gewesen, doch seitdem er nur noch mit den Vorstandschefs großer Unternehmen zu tun hatte, wurde er immer abgehobener. Er jettete mit ihnen in First-Class-Flügen um die Welt, Geld spielte keine Rolle mehr, es zahlte sowieso alles die Firma. Allmählich fing er an, sich nur noch um sich selbst zu drehen, und redete despektierlich über die Leute aus dem Unternehmen. Die hätten alle keine Ahnung, allein er wisse, wie der Hase läuft. Er redete ausschließlich von sich und hörte kaum zu, wenn Erich sprach. Der fühlte sich zum Beiwerk degradiert, denn Markus suchte ihn nur auf, wenn er Erich brauchte. Er nutzte ihn aus für seine eigenen Interessen, ohne sich auf Erich zu beziehen. Wie es ihm ging, spielte keine Rolle. Erich fragte sich, was wohl mit Markus passieren würde, wenn er das Geld, den Job und alle Macht verlieren würde? Würde er daran zugrunde gehen, weil dadurch sein Selbstbild zusammenbrechen würde, oder würde er wieder auf den Boden zurückkehren? Auf jeden Fall wäre er ohne narzisstische Anteile wohl nie so tief in die Verführung durch Macht und Geld reingerutscht. Markus' narzisstischer Anteil hatte sich aufgeblasen und seine Werteskala und sein Blick auf die Welt hatten sich geändert.

Narzissmus kann also auch durch Status, Geld und Macht »gemacht« werden. Dazu bedarf es allerdings eines Menschen, der eine bewusste oder unbewusste Affinität dafür besitzt. Es ist sicher nicht ganz leicht, sich vom schönen Schein nicht verführen zu lassen, doch wer das Blendwerk durchschaut, wird ihm weniger erliegen.

»Ich besitze lieber den Respekt von jemandem als sein Geld.«

Mia Farrow[32]

Das Bankenwesen

Was früher einmal ein angesehener Beruf war, hat spätestens seit der Finanzkrise seinen guten Ruf verloren. Verständlicherweise stehen auf der Allensbacher Berufsprestige-Skala von 2013 die Banker an letzter Stelle. Sie werden von den meisten Befragten am wenigsten gewürdigt, die Banker selbst jedoch sind noch von ihrer Hybris überzeugt. Der Bericht des ehemaligen Bankers Rainer Voss zeigt eindrucksvoll die Mechanismen, mit denen eine solche Haltung ausgebildet wird.[33]

Du kommst morgens in die Bank und weißt, was der Tag bringt. Es wird für dich gesorgt. Du hast mit nichts mehr was zu tun. Du fährst direkt von der Straße in die Tiefgarage, mit dem Lift ein paar Treppen nach oben, und du bist an deinem Arbeitsplatz und musst dich um die Außenwelt nicht mehr kümmern. Die Kinder sind im selben Kindergarten, man fährt an dieselben Orte zum Urlaub und dann wird daraus ein geschlossenes System, in dem man sich immer weiter von der Wirklichkeit entfernt. Ich brauche die Welt da draußen zu großen Teilen nicht mehr und deshalb mache ich mir keine Gedanken darüber, ob die Deals, die ich abschließe, Auswirkungen auf die Welt da draußen haben. Die Abkoppelung von gesellschaftlichen Prozessen ist quasi institutionalisiert.

Gefordert wird bedingungslose Loyalität gegenüber der Organisation. Sie dürfen keinen Hauch eines Zweifels aufkommen lassen und müssen letzten Endes bereit sein, Ihr Leben aufzugeben.

Man verliert den Kontakt zu den Freunden immer mehr. Es interessiert nicht, wenn sie erzählen, wo sie ihre Reise für 200 € billiger gebucht haben. Wenn Sie 100.000 € im Monat verdienen, ist Ihnen das egal. Sie haben keine Interessensbasis mehr mit den Freunden, ein bestimmter Teil Ihres Lebens bleibt ausgespart oder für die anderen uninteressant. Und man überlegt sich, ob man liebgewonnene Dinge aufgibt für etwas Unsicheres wie den Job. Wenn man normal funktioniert, müsste man sagen: Wenn mein Beruf das mit mir macht, brauche ich einen anderen Beruf und keine anderen Freunde. Aber ich dachte, der Beruf ist okay, und dazu brauche ich neue Beziehungen.

Die institutionell gewollte Entfremdung von der Welt ist ein wesentlicher Wirkmechanismus. Dadurch geht die soziale Verantwortung ebenso verloren wie ein Gefühl von Zugehörigkeit zur Welt außerhalb der Bank. Die dort Tätigen agieren abgespalten vom sonstigen Leben und anderen Menschen. Das macht sie immer abhängiger vom System und dadurch ausbeutbar für fremde Interessen und blind für Fehler. Geschlossenen Systemen fehlt die Korrektur von außen, die Auswüchse und Irrungen kontrollieren könnte. Doch das ist nicht gewollt.

»Es sind nicht nur die Ausführenden verantwortungslos«, sagt Voss, »sondern auch die Chefs, die die Devise ausgeben, immer mehr Gewinn zu machen, egal wie. ›I don't care how you do it‹ öffnet jeglichem Risikoverhalten Tür und Tor.«[34]

Diese Personen sind programmiert auf ihre Tätigkeit und haben den Bezug zu sich verloren. Die Entfremdung von sich selbst zeigt sich in der Bereitschaft, Beziehungen zu opfern zugunsten der Zugehörigkeit zu einem elitären System und in der Leugnung jeglicher Verantwortung. Ihre Antwort auf die Frage, was ein erfülltes Leben ausmacht, ist die Droge, der risikoreiche Umgang mit Unsummen von Geld, die Macht und das Herrschaftswissen.

Voss: »Es ist ein Virus, der einen packt. Ich würde es als normalen Zyklus bezeichnen: Am Anfang die Euphorie, dann wirst du wie von einer Welle weggespült und dann schwimmst du und schwimmst und schwimmst. Und irgendwann kommt der Kater.«[35]

Diese Beschreibung erinnert an einen Heroinabhängigen, der genau weiß, dass ihn die Droge ruiniert, der sich aber immer wieder einen Schuss setzen muss.

Die Entfremdung vom normalen Leben, der Umgang mit Riesensummen an Geld und das Gefühl der damit zusammenhängenden Macht, gepaart mit dem Druck, immer mehr Gewinn zu erzielen, verhindern jeglichen Gedanken an Moral. Welche Folgen das im Finanzsystem hat, haben wir durch die Krise bis heute schmerzlich erfahren.

Wie viel Narzissmus braucht die Führung?

Über den Zusammenhang von Narzissmus und Führungspersonen ist viel geschrieben worden, vielleicht auch deshalb, weil die narzisstischen Strukturen im Topmanagement besonders deutlich werden oder sogar notwendig sind. Führungskräfte weisen höhere Narzissmuswerte auf als Personen in nicht leitenden Stellungen. Wissenschaftler[36] beschreiben narzisstische Chefs folgendermaßen:

- Sie besitzen ein überproportionales Selbstbewusstsein.
- Sie brauchen Bestätigung von außen.
- Sie sind dominant.
- Sie sind nicht bereit, Interessen anderer bei der Entscheidungsfindung mit in Betracht zu ziehen.
- Sie sind ungeduldig und rastlos.

Schaut man sich die Literatur über narzisstische Führungskräfte an, dann schwingt in der Beschreibung immer entweder eine große Bewunderung oder Ablehnung mit. So negiert beispielsweise der Psychologe und Managementberater Michael Schmitz bei seiner Analyse von Apple-Mitgründer Steve Jobs jegliche positive Bewertung:

»Das *Fortune Magazine* ernannte Steve Jobs schon zu Lebzeiten zur Manager-Ikone: ›The Model CEO of the twenty-first Century‹. Dabei übersahen die Lobhudler seine gravierenden sozialen Defizite. Jobs konnte äußerst charmant und verführerisch sein und sich mit einem Wimpernschlag in einen Despoten verwandeln, der andere fertigmachte, sie öffentlich als völlig unfähig bezeichnete, sie als ›Arschlöcher‹ oder ›Shit Heads‹ beschimpfte. Wer nicht Perfektion lieferte, so wie er sie sich vorstellte, galt ihm als ›Trottel‹. Zeitweilige Weggefährten werfen ihm bis heute ›Charaktermord‹ vor ... Er konnte sich gut in andere hineinversetzen. Aber nicht, weil er sie verstehen und mitfühlen, sondern weil er sie benutzen wollte. Er konnte Leute, die er hasste, um den Finger wickeln, und sie hinterrücks denunzieren ... Fremde Ideen kanzelte er als ›völlig bescheuert‹ ab, um sie irgendwann als seine eigenen zu präsentieren. Das Bedürfnis, alles und alle unter Kontrolle zu haben, trieb ihn an.

Er konnte die offensichtlichsten Tatsachen ignorieren und Dinge behaupten, für die es nicht den geringsten Beleg gab. Jobs gehört zu den Firmengründern, die der Managementberater Michael Maccoby die ›produktiven Narzissten‹ nennt. Sie sind von ihren eigenen Ideen besessen und treiben ihre Verwirklichung unaufhaltsam voran. Sie nehmen nicht wahr, was ihre Ambitionen und Visionen infrage stellt. Was Maccoby nicht sagt: Um ›produktiv‹ sein zu können mit ihren Persönlichkeitseigenschaften, müssen Narzissten die richtige Idee zur richtigen Zeit haben und ein dazu passendes Umfeld. Steve Jobs wäre ohne Steve Wozniak, dem ihm ergebenen Computer-Ingenieur, vermutlich ein Sandler geblieben.«[37]

Viele Merkmale sind sehr typisch für narzisstische Führungspersönlichkeiten: der Charme und die Anziehung, das Benutzen und Ausnutzen der Mitarbeiter, das Ignorieren wichtiger Tatsachen und das Beharren auf den eigenen Visionen und Interessen sowie das Abkanzeln derer, die nicht so sind, wie es von ihnen erwartet wird. Auch verhalten sich narzisstische Führungskräfte oft rücksichtlos gegenüber ihren Mitarbeitern und vermeiden eine Auseinandersetzung auf Augenhöhe. Das über die Maßen aggressive und entwertende Verhalten von Steve Jobs ist sicher nicht die Regel und nimmt als psychische Gewalt schon psychopathische Züge an.

Unter dem Begriff der »dunklen Triade« werden drei Persönlichkeitskonstrukte beschrieben: der Machiavellismus, der subklinische Narzissmus und die subklinische Psychopathie. Personen, die diesen Persönlichkeitstypen zugeordnet werden, zeigen eine »starke Selbstfixiertheit und die Bereitschaft, eigene Ziele auf Kosten anderer durchzusetzen«[38]. Die charakteristischen Kennzeichen unterscheiden sich jedoch: Für den Machiavellismus ist vorwiegend die Manipulation und der Zynismus charakterisierend, für die Psychopathie die fehlende Empathie und die Gewissenlosigkeit, die in Gewalt und kriminellen Handlungen enden kann, und für den Narzissmus das überzogene Selbstwertgefühl und die grandiose Selbstüberschätzung. Die Übergänge sind fließend und die Persönlichkeitstypen nicht klar voneinander abgrenzbar.

Gerhard Dammann schreibt folgende destruktive Verhaltensweisen dem pathologischen Narzissmus zu: Rücksichtslosigkeit, Entwertung, Mangel an Schuldgefühlen, ein Klima von Freund und Feind, Verweigerung der Verantwortung für eigenes Verhalten, Reizhunger und die Erhebung eigener Ansprüche zum Maßstab für alle. Das führt zu einem großen Druck bei den Mitarbeitern, einem hohen psychischen Krankenstand und vermehrter Fluktuation. Mit dem normalen Narzissmus verbindet Dammann eine charismatische Ausstrahlung und Visionen, die ein Team zu außergewöhnlicher Leistung motivieren können. In seinem Buch gibt er diagnostische Hinweise, pathologisch narzisstische Persönlichkeiten zu identifizieren, um Unternehmen vor destruktiven Blendern zu schützen. Denn ihr übersteigertes Risikoverhalten kann zerstörerisch wirken.

Dennoch wäre es falsch, alle Führungskräfte als Narzissten zu bezeichnen, da vermutlich die wenigsten von ihnen eine klinische Diagnose bekämen. Was sie sicher brauchen, um ein Unternehmen zu leiten, sind Gradlinigkeit, Durchsetzungsvermögen und Härte, was aber nicht unbedingt narzisstisch ist.

Viele von ihnen besitzen jedoch zwei wesentliche narzisstische Eigenschaften: Sie sind machtmotiviert und Machertypen. Das heißt, sie nutzen ihre Chancen »und greifen zu, wenn sich eine Gelegenheit bietet. Sie treten an, um ganz ungehemmt von irgendwelchen Bedenken ihre Ziele zu verwirklichen.«[39] Dazu braucht man den Drang, Einfluss nehmen und Macht haben zu wollen, was nur in bestimmten Positionen möglich ist. Als Machertypen sind sie handlungsorientiert und es gelingt ihnen, gegen alle Widerstände erfolgreich zu sein. Zudem besitzen sie einen hohen Grad an Selbstdarstellung, der nötig ist, um in Führungspositionen aufzusteigen. Auch ihre mediale Wirkung hilft ihnen, ihr Unternehmen wirkungsvoll nach außen darzustellen.

Führungskräfte können sich hocharbeiten, wie es viele von ihnen geschafft haben, um dann an der Spitze das Schicksal eines Unternehmens oder einer Regierung zu bestimmen. Sie verdienen sehr viel Geld, was aber nicht unbedingt das Ausschlaggebende ist. Wichtig ist für sie eher, dass sie in der obersten Liga mitspielen können. Das ist die größte Bestätigung und die wertvollste Nahrung für das Selbst.

Eine große Motivation für den Aufstieg ist zudem die Haltung vieler Männer: Bevor ich einen schlechten Chef akzeptiere, mache ich den Job lieber selber.

In ihrer narzisstischen Überschätzung halten sich Führungskräfte bisweilen für intelligenter als alle anderen, mitunter sind sie es sogar. Doch das macht noch keinen guten Chef aus, denn der benötigt zusätzlich das, was man emotionale Intelligenz nennt:

»Das Erfolgsgeheimnis von erfolgreichen Mitarbeitern und Führungskräften beruht nicht allein auf ihrer Fachkompetenz.

Vielfach verfügen sie vor allem über eine hohe Emotionale Intelligenz. Darunter versteht man die Fähigkeit, Emotionen in Bezug auf sich selbst und andere Menschen wahrzunehmen, auszudrücken, zu verstehen und sinnvoll zu handhaben.«[40]

Darin haben narzisstische Führungspersonen ein großes Defizit. Denn gerade Emotionalität macht ihnen Angst, weil sie nicht kontrollierbar ist. Sie retten sich ans sichere Ufer des strategischen Denkens und Analysierens und vermeiden emotionale Kontakte. Nehmen sie sie doch einmal auf, dann meist nicht aus einem Gefühl heraus, sondern mit dem Ziel, gut anzukommen und als der große Versteher geliebt zu werden. Beispielsweise, wenn der Chef den Mitarbeitern in privaten Problemsituationen gute Ratschläge gibt, sich überaus interessiert nach der Familie erkundigt und sich als »der gute Vater« anbietet. In diesen Situationen tun sie häufig so, als würden sie mitfühlen, aber im Grunde spüren sie nicht viel. Sie haben vielleicht in einem Seminar gelernt, dass es für die Motivation der Mitarbeiter dienlich ist, wenn diese sich verstanden fühlen und man auf ihre Gefühle und Bedürfnisse eingeht. Also machen sie es, aber ohne innere Beteiligung. Ob es sich um eine verlässliche Hinwendung handelt oder nur um eine Als-ob-Zuwendung, bemerkt man daran, ob sie auch über den Tag hinaus noch trägt.

Als Machtstrategen hingegen sind narzisstische Führungskräfte sehr begabt. Sie wissen genau, wem sie welche Informationen geben müssen, damit die Person ihnen gewogen ist. Ein Deal wird mit derjenigen Person gemacht, die strategisch wichtig ist, damit sie als Chef die Nase vorn behalten. Sie scharen die Leute um sich, die sie stützen, bejahen und die für sie ungefährlich sind.

Wer nicht auf ihrer Linie liegt, sondern sich gegen sie stellt und eine andere Meinung vertritt, erfährt direkte Abwertung, Ausgrenzung und im schlimmsten Fall die Kündigung oder Herunterstufung. In dieser Hinsicht können narzisstische Chefs gnadenlos sein. Sie beißen diejenigen weg, die ihnen im Weg stehen oder von denen sie sich bedroht fühlen.

»In der Auswahl von Mitarbeitern werden Sekundärfaktoren wie Sympathie oder kompetenzferne Beziehungskontexte (Klassen- oder Vereinskameraden, Netzwerke, Seilschaften, Korps, Verwandtschaft) oft die alleinigen Beschäftigungsgründe. Menschen, die in narzisstischen Erlebniswelten stecken, fallen ihrerseits besonders leicht auf ›Blender‹ herein. Sie fördern mit Vorliebe Personen, die ihnen ähneln – meist ›eine Nummer kleiner‹. Andere sollen so werden, wie es ihrem eigenen Ideal entspricht.«[41]

Diese Strategien haben zur Folge, dass die erlebte Bedrohung durch die Kompetenz des anderen gemindert wird. Sie haben Angst davor, dass man ihnen ihre Position streitig machen könnte, aber sie neiden anderen auch ihre wahre Kompetenz, die aus der Fähigkeit erwächst und nicht aus dem Schein. Kein Wunder, dass um den narzisstischen Chef herum keine wirklich fähigen Mitarbeiter zu finden sind. Denn im narzisstischen System gibt es keine zwei gleichstarken Partner, da das als Angriff auf die eigene Größe erlebt wird.

Die Bereiche, in denen narzisstische Chefs und Chefinnen ihre Defizite haben, werden von den Mitarbeitern als wesentliche Belastungen genannt: schlechte Organisation, kein Feedback, fehlende Wertschätzung und mangelnde Kommunikation. Die fehlende Wertschätzung steht dabei an erster Stelle. Doch wenn es nur die wäre. Oft sehen sich Mitarbeiter mit direkten oder indirekten Entwertungen konfrontiert, wie einem genervten Ton auf ihre Fragen oder sogar Schreien bei missliebigen Äußerungen, Verdrehen der Augen, wenn sie sprechen, oder Ignoriert-, Übersehen- und Überhört-Werden. Das sind ungeheuer demütigende Verhaltensweisen, die den Selbstwert der Mitarbeiter untergraben. Ebenso demoralisierend ist es, wichtige Informationen nicht weiterzugeben oder weitreichende Entscheidungen im Alleingang zu fällen.

Ein großes Problem narzisstischer Führungskräfte, auf das Eidenschink ausdrücklich hinweist, besteht in ihrer Unfähigkeit, abweichende und kritische Sichtweisen anderer gelten zu lassen. Das hat zur Folge, dass das Unternehmen entweder einen Konflikt mit der Führungskraft riskiert, wenn die getroffenen Entscheidungen von ihr nicht akzeptiert werden, oder es herrscht eine Atmosphäre der Beschönigung und Vertuschung um der Harmonie willen. »Informationen aus dem Unternehmen oder vom Markt werden nicht oder zu spät erfasst, da sich alle Mitarbeiter an eine Art geheimer Absprache halten, dass das von der Führungskraft beschworene Ideal nicht gefährdet wird.«[42] Informationen werden so bearbeitet, dass sie der Leitung gefallen, indem sie entweder verschwiegen, bagatellisiert oder hinter einem Wust aus Aktivitäten verschleiert werden. Das, was sein soll, überlagert das, was ist. Dass diese Strategie auf Dauer zum Nachteil des Unternehmens und zum Scheitern der Führungskraft gereicht, ist unübersehbar.

Neben diesen negativen und für die Mitarbeiter stark belastenden Eigenschaften dürfen wir die positiven Führungsqualitäten nicht aus den Augen verlieren. Narzisstische Chefs sind Visionäre, die andere mitreißen, sie motivieren, das Beste zu geben, sie sind intelligent und eloquent und können das Unternehmen nach außen perfekt repräsentieren. Sie sind ideenreich und ein Motor für Weiterentwicklung und Optimierung. Diese Seite der Zusammenarbeit macht Spaß und führt zu Erfolg.

Narzissmus im weißen Kittel

Die bereits erwähnten »Götter in Weiß« stehen symbolisch für eine Spezies von narzisstischen Vorgesetzten im Gesundheitsbereich. Seien es nun Ärzte, Psychiater und Psychotherapeuten in Kliniken oder Institutsleiter, sie alle sind sehr gefährdet, narzisstische Strukturen auszubilden. Die hierarchischen Strukturen im

Gesundheitsbereich leisten dem Vorschub. Spricht man mit Medizinstudenten, die als Famuli (Auszubildende) im Krankenhaus ihren ersten Dienst am Patienten ableisten, bekommt man eine Ahnung von der Werte- bzw. Unwerteskala. Je weiter oben in der Hierarchie die Position angesiedelt ist, um so wert- und machtvoller ist der Mensch. Dasselbe Gefälle ist auch zwischen Ärzten und anderen Berufsgruppen im Gesundheitsbereich zu beobachten, wie Krankenschwestern, Psychotherapeuten, Ergotherapeuten und vielen anderen. Sie spüren die Entwertung, wenn Ärzte beispielsweise Masseure als »Knetmäuse« bezeichnen.

Am Beispiel der Zusammenarbeit zwischen einer Physiotherapeutin und einem Orthopäden wird die Tragweite der narzisstischen Rivalisierung deutlich:

Eine Physiotherapeutin diagnostizierte eine frühe motorische Störung bei einem Kind und schlug eine notwendige Behandlung vor, die vom Orthopäden abgelehnt wurde, da er die Diagnose nicht ernst nahm. Nach einem Jahr stellte sich heraus, dass die Diagnose doch richtig war, weil die Beeinträchtigung nun nicht mehr zu übersehen war. Nun verordnete der Arzt die Therapie dringend, die er vor einem Jahr noch abgelehnt hatte. Nicht nur, dass dem Kind dadurch wertvolle Zeit verloren ging, es zeigt auch die Ich-Bezogenheit des Arztes. Die Frage »Wer hat Recht, wer kann es besser?« stand im Vordergrund und nicht das Kind und dessen Wohlergehen. Hier wurde nicht im Sinne des Höheren und Dritten gedacht, sondern narzisstisch eindimensional.

Ein anderes Beispiel bezieht sich auf den Narzissmus, den wir in Krankenhäusern immer wieder im Kontakt mit Ärzten zu spüren bekommen:

Wenn der Herr Professor das Krankenzimmer betrat, wurde es eiskalt. Er war ein gut aussehender, stattlicher Mann mit einem hervorragenden Ruf als exzellenter Operateur. Und so trat er auch auf. Doch man wurde den Eindruck nicht los, dass er den Kontakt mehr als Selbstinszenierung nutzte denn als eine menschliche Begegnung. Er verbreitete ein Klima von Einschüchterung und Unterwürfigkeit. Sein expanded self dehnte sich im Raum aus und ließ sowohl die Patienten als auch die Kollegen und Studenten verstummen. Eine verkehrte Bemerkung oder Frage zur falschen Zeit hätte dieselbe Wirkung wie ein Funke an einem Benzintank gehabt. Zumindest ließ die Spannung im Raum darauf schließen.

Bei der ersten Nachuntersuchung nach der OP tat der Herr Professor nichts anderes, als seine wunderbaren Operationsnähte zu loben. Einen kleinen Hautlappen an einer fremden OP-Naht kritisierte er abfällig mit den Worten: »Wer hat das denn verbrochen?« und meinte, den müsse man unbedingt entfernen. Wie es der Patientin dabei ging, interessierte ihn nicht. Ebenso wenig wie die Tatsache, dass dieser Schönheitsfehler angesichts der Schwere der Erkrankung für diese Patientin eine Bagatelle war und sein Kommentar daher eine unentschuldbare Missachtung ihrer körperlich-seelischen Befindlichkeit.

Es bedarf schon einer großen Entfremdung von allen Gefühlen, um eine solche Haltung zu entwickeln. Sicher müssen sich Ärzte und Psychotherapeuten schützen, um nicht in das Elend der Patienten hineingezogen zu werden. Doch das rechtfertigt keineswegs ein unempathisches Verhalten. Entfremdung ist allerdings sowohl ein Stichwort im Zusammenhang mit Narzissmus als auch ein Merkmal stark hierarchischer Strukturen. Um in ihnen zu überleben, bedarf es der Anpassung an die Organisation und der Verleugnung innerpsychischer Prozesse, die damit nicht kompatibel sind, wie beispielsweise eine einfühlsame Hinwendung oder ganzheitliche Gesundheitsvorstellungen.

Viele Kollegen leiden unter der repressiven Form hierarchischer Strukturen, die sie ausbeutet und ihnen zu wenig Raum zur Entfaltung eigener, kreativer Ideen lässt. Wer sich ständig gegen Vorschriften und Hindernisse durchsetzen muss, verliert allmählich die Kraft und Lust oder läuft sogar Gefahr, einen

Burnout zu entwickeln oder krank zu werden. Denn in einem solchen Klima leiden Kollegialität, Menschlichkeit und Zusammenarbeit. Wer sich vom umgebenden System nicht getragen fühlt, sondern im Gegenteil permanent dagegen ankämpfen muss, verzehrt sich im Laufe der Zeit. Doch wer es schafft, aufzusteigen, wird mit großer Wahrscheinlichkeit mit denselben Machtmitteln seine Position festigen und gegen Angriffe verteidigen. Auf diese Weise wird einerseits das narzisstische System aufrechterhalten, auf der anderen Seite aber auch die narzisstischen Strukturen der dort Tätigen, die sie brauchen, um nicht unterzugehen.

Narzissmus als Karriere-Hemmer

Wir sollten jedoch nicht vergessen, dass narzisstische Strukturen karrierehemmend sein können, wenn sich beispielsweise mittlere Führungskräfte durch zu hohe Dominanz und Kränkbarkeit auszeichnen. Fallen sie dadurch im Unternehmen negativ auf und können sie es nicht durch eine besondere Leistung wettmachen, kann das einer Bewerbung in eine Topposition entgegenstehen, wie Reinhard Haller beschreibt.

Emily Grijalva und Peter Harms[43] belegen diese Aussage mit ihrer neuesten Untersuchung. Sie verglichen die Ergebnisse von Führungskräftebewertungen auf Chefqualitäten und narzisstische Züge hin. Es stellte sich heraus, dass der Zusammenhang zwischen Narzissmus und Führungsqualtäten nicht linear ist. Es gilt nicht, je mehr Narzissmus, desto eher in der Führung, sondern der Zusammenhang zeigt eine umgekehrte U-Form an. Das besagt, dass narzisstische Eigenschaften bis zu einem bestimmten Punkt positiv wirken, ab da jedoch den Erfolg schmälern.

»Bei der Entscheidung, wer in die Chefetage befördert wird und wer nicht, hat der Narzissmus-Faktor Bedeutung. Bei der Frage, ob ein Chef seine Arbeit erfolgreich macht, dagegen nicht.«[44]

Zu hohe Narzissmuswerte – vor allem das Ausnutzen der anderen, Arroganz und tyrannisches Verhalten – wirken sich negativ auf die Führungsqualitäten aus. Am besten schneiden diejenigen mit einem mittelmäßigen Narzissmus ab. Sie besitzen ausreichendes Selbstvertrauen und können auf die antisoziale Komponente verzichten. Sie müssen die anderen nicht entwerten, um sich gut zu fühlen. Beim Narzissmus scheint Mittelmäßigkeit genau das Richtige zu sein.

Auch der Unternehmensberater Roman Gulumjan bestätigt diese Aussagen. Seiner Erfahrung nach können schillernde narzisstische Unternehmerpersönlichkeiten nicht dauerhaft erfolgreich sein. Mehr Chancen haben die eher zurückgezogenen, guten Führungskräfte, die ein Händchen für Menschen haben, einen inneren Kompass, Zielbilder, Visionen, aber keine Blender und Schaumschläger sind. »Der Narzisst, der um sich selbst kreist, eckt überall an.«

Diese Abkehr von der Vorherrschaft des Narzissmus postuliert auch die sogenannte »Generation Y«, also die zwischen 1977–1998 Geborenen. Sie fordern eine Veränderung der Arbeitswelt mit flexibleren Arbeitszeiten und weniger Präsenzpflichten. Sie nennen es Vertrauensarbeitszeit. Ihr Ziel sind mehr Kommunikation und Feedback, mehr Freiräume und mehr Einklang mit ihren Bedürfnissen. Sie suchen Sinn, Selbstverwirklichung und fordern Zeit für Familie und Freunde. Im Grunde kämpfen sie für eine Kultur, die allen von Nutzen sein würde.

Das Fazit: »Wir sind nicht faul. Wir wollen arbeiten. Nur anders. Wir lassen uns im Job nicht versklaven, doch wenn wir von einer Sache überzeugt sind, geben wir alles.«[45]

> »Es reicht nicht aus, gut zu sein, wenn es außer dir keiner weiß!«
>
> Monika Scheddin[46]

Frauen führen anders

»Die Führungskompetenz von weiblichen Führungskräften wird allgemein höher eingeschätzt als die männlicher Führungskräfte, ermittelten die Autorinnen Ibarra & Obodaru in einer groß angelegten Studie. Auch die männlichen Mitarbeiter und Vorgesetzten dieser Frauen teilten diese Einschätzung.«[47]

Ein Wunder, dass es dann so wenige Frauen in Führungspositionen gibt. Ihr Anteil in Aufsichtsräten der deutschen Top-200-Unternehmen stieg gegenüber 2012 um etwa zwei Prozentpunkte auf gut 15 Prozent, in den Vorständen stagnierte er hingegen nahezu bei gut vier Prozent.[48]

Wie ist das zu erklären? Ein Grund ist das sogenannte »Think-manager-think-male-Phänomen«, was nichts anderes bedeutet, als dass Führung immer noch mit Männlichkeit assoziiert wird.

»Es rührt daher, dass alle in einer männlich geprägten Führungskultur sozialisiert wurden. Diese Sichtweise führt zwangsläufig dazu, dass weibliche Führungskräfte mit Akzeptanzproblemen zu kämpfen haben. Denn jene Menschen, die über Karrieren entscheiden, messen den Führungsnachwuchs ausschließlich am männlichen Führungsmodell. Hier unterliegen Frauen häufig.«[49]

Es herrscht unbestreitbar eine hohe Konkurrenz zwischen Männern und Frauen im Arbeitsleben. Männer werten Frauen häufig ab, weil sie sich selbst für die Besten halten und die Kompetenz von Frauen nicht anerkennen. Vor allem ältere Männer haben ein Problem mit Frauen als Chefin oder Kollegin, bei den jüngeren spielt es keine so große Rolle mehr.

Schauen wir uns an, welche positiven Eigenschaften Frauen in der Führung zugeschrieben werden, dann erklärt das möglicherweise einiges. Sie können in der Regel besser motivieren, strukturieren und ordnen, sie loben mehr, geben mehr Feedback und sie sind die besseren Teamplayer. Sie meiden eher die Konkurrenz im Team zugunsten von Kooperation. Dadurch tritt der eigene Erfolg weniger in Erscheinung als bei narzisstischen Einzelkämpfern. Auf der anderen Seite reduzieren Zugehörigkeit zum und Bindung ans Team eigene Unsicherheiten.

Da sich Frauen abhängiger vom Urteil anderer machen, als es Männer tun, bemühen sie sich, bei allen beliebt zu sein und mit allen gut auszukommen. Daher rührt es vielleicht auch, dass Frauen dazu neigen, den Kampf um Macht und Einflussnahme zu vermeiden und stattdessen durch gute Leistungen vorwärtskommen zu wollen. Doch es ist wohl ein Irrglaube, dass Leistung allein die Karriere voranbringt. Sie kann sogar das Gegenteil bewirken. Wenn die Frauen es unterlassen, mehr Einfluss und eine höhere Position zu verlangen, ist ihr Vorgesetzter froh, so gute Abteilungsleiterinnen zu haben, auf die er sich verlassen kann. Die gibt er freiwillig nicht her, denn sie halten ihm den Rücken frei.

Was hingegen die Aufstiegschancen in die raren Führungspositionen zu fördern scheint, ist das Dominanzstreben, das Männer in höherem Maße besitzen. Dominanz signalisiert höhere Führungskompetenz, als es die Teamorientierung tut.

Auf den Punkt gebracht: »Was Frauen als Führungskraft erfolgreich macht, behindert sie letztlich im Aufstieg.«[50]

Diese Unterschiede im Verhalten und der Einstellung von Männern und Frauen zeigen sich auch auf der hormonellen Ebene. Die Neuropsychologie fand heraus, dass der Testosteronschub in der 8. Schwangerschaftswoche das zuvor einheitliche Gehirn in ein männliches entwickelt. Dadurch werden manche Nervenzellen in den Kommunikationszentren abgetötet und in den Bewegungs- und Aggressionszentren werden mehr Zellen herausgebildet. Im weiblichen Embryo, bei dem der Testosteronschub ausbleibt, können die Kommunikationszentren und die Bereiche für Gefühlsverarbeitung ungehindert Nebenverknüpfungen bilden. Das erklärt die höhere Empathie-Fähigkeit, das

Streben nach Harmonie und die Betonung des Beziehungsgeschehens bei Frauen.

Die Beziehungsfähigkeit scheint der wesentliche Faktor im Vergleich zu den Männern zu sein. Frauen gehen leichter in Beziehung, sind emotionaler, gehen mehr auf den anderen ein und sorgen für ihn. Doch Frauen neigen auch dazu, schneller mit Minderwertigkeitsgefühlen zu reagieren. Dann leiden sie unter Selbstzweifeln, die sie hindern, sich auf eine Führungsstelle zu bewerben. Lieber wählen sie die Position in der zweiten Reihe, hinter einem starken Chef. Da sind sie gut, können ihre ganze Kompetenz einsetzen und machen sich unentbehrlich.

Wie kommen Frauen dann überhaupt in die Führung? Sie sind vorwiegend auf der unteren Managementebene zu finden und dort sehr beliebt und anerkannt. Wer höher hinauf will, muss das männlich dominierte Spiel mitmachen. Die meisten Frauen eifern dann einem Männerbild hinterher und glauben, in der Rolle der Managerin müssten sie tough und durchsetzungsstark sein und ohne Ende arbeiten.

Eine Klientin brachte es auf den Punkt:

»Ich komme nur weiter und kann meinen Chef überzeugen, wenn ich keine Schwäche zeige und kompetent bin. Ich kann es mir nicht erlauben, über etwas nicht Bescheid zu wissen oder unvorbereitet zu sein, und darf auch keine Unsicherheit oder Emotionalität zeigen. Dann bin ich weg vom Fenster und habe verspielt.«

Das fällt besonders denjenigen Frauen leichter, die von ihren Fähigkeiten voll und ganz überzeugt sind und männliche Standards erfüllen können. Sind sie einmal oben, unterscheiden sie sich kaum mehr von den Männern. Das tut den Frauen aber nicht gut, denn sie nehmen sich damit ihre weibliche Kraft und Kompetenz. Und sie bekommen Schwierigkeiten mit ihren weiblichen Mitarbeiterinnen. Diese kritisieren nämlich den

Mangel an weiblichen Führungsfähigkeiten. Sie hatten gehofft, bei einer Frau als Chefin andere Bedingungen vorzufinden, und werden nun enttäuscht.

Besser wäre es, weibliche Vorgesetzte würden ihre Frauenrolle konsequent ausfüllen, anstatt ein Mann werden zu wollen. Denn wenn ihnen im Topjob die positiven weiblichen Führungsqualitäten zur Verfügung stehen würden, wäre das ein Segen. Dann könnte sich die Führungskultur auf Dauer so verändern, dass Frauen darin selbstverständlich wären. Daher plädieren viele auch für die Frauenquote, denn wenn genug Frauen in Topgremien wären, müssten sich die Strukturen wandeln, z.B. in Richtung familienfreundlichere Firmen- und Arbeitsstrukturen. Dazu müssten aber die Frauen ihre weiblichen Führungsstärken selbstbewusst anerkennen und würdigen. Auch die Männer müssten ihren Teil dazu beitragen, indem sie auf ihre Vorherrschaft verzichten. Allerdings gibt es auch viele Fälle, in denen Frauen nicht auf Kinder und Familie verzichten wollen und daher gar keinen Führungsposten anstreben, familienfreundlichere Firmen- und Arbeitsstrukturen her oder hin.

Michalis Pantelouris resümiert über Frauen: »Ihre größte kommunikative Fähigkeit besteht darin, Gemeinschaft herzustellen, in der Widersprüche ertragen werden. Ohne sogenannte Lösungen, die nur Erleichterungen sind. Wo Macht des einen nicht unbedingt Ohnmacht des anderen bedeutet ... Und ich kann mir keine Situation vorstellen, keine Gruppe, keine Firma, gar nichts, in dem diese Fähigkeit nicht unendlich wertvoll wäre. Allein das wäre mir Grund genug für eine Quotenregelung.«[51]

Du sollst keine anderen Götter neben mir haben

Keine anderen Götter neben sich zu dulden, bedeutet nichts anderes als Alleinherrschaft und nichts von der eigenen Macht abgeben zu wollen. Selbstzweifel und das Bedürfnis, besonders zu sein, führen dazu, Konkurrenten wegzubeißen, um die eigene Position zu stärken. Ist der andere nämlich genauso gut wie man selbst, bedeutet das eine Bedrohung. Gleich gut gibt es im narzisstischen System nicht, nur ein Besser oder Schlechter. Das heißt, entweder der andere ist weniger wert oder man selbst.

Die Zusammenarbeit von Gerd und seinem Chef lief bisher zufriedenstellend, bis zu dem Moment, als Gerd erfolgreicher wurde als sein Vorgesetzter. Er hatte ihn in den letzten zwei Jahren mit seinen Akquise-Erfolgen weit überflügelt, was dem Unternehmen zugutekam. Doch statt Anerkennung und Freude sah sich Gerd mit Entwertung und Ablehnung konfrontiert, was er nie geahnt hätte. Vor der gesamten Belegschaft machte der Chef ironische Bemerkungen wie: »Freuen Sie sich nicht zu früh, meinen Chefsessel bekommen Sie so schnell nicht.« oder »Ach, da kommt ja unser Einserschüler«.

Dass eine Zusammenarbeit auf dieser Basis sehr schwierig wird, ist unbestreitbar. Auch läuft man Gefahr, von den Kollegen angegriffen zu werden und einem permanenten Konkurrenzkampf ausgesetzt zu sein. Oder man muss sich der Herrschaft des anderen unterwerfen und wird zum Handlanger. Beides keine attraktiven Alternativen.

Werden beispielsweise durch Umstrukturierungen die Kompetenzen neu verteilt, dann müssen auch die »Claims« neu abgesteckt werden. Manchmal gelingt das nicht und dann ist ein Arbeitsplatzwechsel die beste Lösung.

Gerda arbeitete seit fünf Jahren als Bürofachkraft in einem mittelgroßen Buchladen weitgehend selbstbestimmt. Sie hatte die Stelle aufgebaut und geprägt. Ihr machte die Arbeit Spaß, sie war anerkannt und kam gut mit den Kollegen aus. Der Chef ließ ihr freie Hand, weil er sich voll auf sie verlassen konnte und froh war, sie zu haben. Als plötzlich ihre Kündigung auf seinem Schreibtisch lag, konnte er es nicht fassen.

Was war denn passiert? Sie hatte gekündigt, weil im Rahmen der Erweiterung eine zusätzliche Stelle geschaffen wurde und sie nun nicht mehr die »Alleinherrscherin« auf ihrem Posten war. Sie hätte Kompetenzen abtreten oder zumindest teilen, Weisungen der »Neuen« entgegennehmen müssen und ihre Freiheit und Selbstbestimmtheit in gewisser Weise verloren. Für sie unvorstellbar. Alles in ihr sträubte sich und deshalb ging sie lieber. Auch die Neue war entsetzt von Gerdas Weggang, denn sie hatte sich auf die Zusammenarbeit mit der kompetenten Kollegin, die ihr den Einstieg sicher erleichtert hätte, gefreut. Außerdem befürchtete sie, schuld an ihrer Kündigung zu sein. Doch nach und nach wurde klar, dass es die einzig richtige Entscheidung war. Gerdas Narzissmus hätte es nicht verkraftet, unter jemandem arbeiten zu müssen, und es wäre unweigerlich zu Reibereien und Unmut gekommen. Vielleicht hätte es sogar Anfeindungen gegeben, um die Neue hinauszudrängen. So aber war ihr Weggang getragen von Dankbarkeit für die bisherige Arbeit, und Gerda konnte ohne Misstöne Abschied nehmen und sich ein neues Arbeitsfeld suchen, das ihren Vorstellungen mehr entsprach.

Das ist ein Beispiel für einen konstruktiven Umgang mit dem narzisstischen Bedürfnis nach Einzigartigkeit. Wer genau weiß, was er will und worauf er sich unter keinen Umständen einlassen kann, muss die Konsequenzen ziehen und danach handeln. Das erfordert Ehrlichkeit und Mut. Aber nur, wenn die Entscheidung, zu kündigen, aus Einsicht heraus getroffen wird und nicht aus Rache, nach dem Motto: Wenn ihr mir eine Neue vor die Nase setzt, dann gehe ich eben. Denn in Situationen wie der von Gerda reagieren die meisten Menschen gekränkt. Entweder kündigen sie im Zorn, oder sie bleiben zwar in der bisherigen Stelle, sind aber entweder beleidigt oder gehen mit offener Wut gegen die Neue und den Chef vor. Das ist ungut und stört den Arbeitsfrieden, denn in den meisten Fällen wird nicht offen über die Kränkung gesprochen.

Narzisstische Kränkungen

Kränkungen sind wie ein Schlag ins Gesicht, eine Ohrfeige für die Seele. Daraus resultiert eine tiefe Verletzung und Verunsicherung verbunden mit Gefühlen von Ohnmacht, Kränkungswut und Selbstzweifeln. Kränkungen sind eine spezielle Form zwischenmenschlicher Konflikte, bei der das Selbstwertgefühl angegriffen wird, und die zu der Empfindung führt, zu kurz zu kommen, weniger wert zu sein, benachteiligt oder abgelehnt zu werden. Kein Wunder, dass narzisstische Menschen besonders leicht kränkbar sind, denn ihr Selbstwertgefühl ist ja in hohem Maße auf positive Zuwendung von außen angewiesen. Alles, was nicht Bestätigung ist, kann zur Kränkung werden, die hochgezogene Augenbraue ebenso wie Kritik und Ablehnung.

Stellen Sie sich vor, Sie haben sich viel Mühe mit der Ausführung einer Arbeit gegeben und diese wird nun von Kollegen oder dem Chef verrissen, obwohl Sie mit Lob und Anerkennung gerechnet haben. Ihre Kränkungsreaktion könnte folgendermaßen ausfallen:

- Ihre positive Selbsteinschätzung wird geschwächt.
- Sie fragen sich: Was habe ich falsch gemacht? Was ist falsch an mir?
- Sie sind empört, wie die anderen mit Ihnen umgehen.
- Sie fühlen sich abgewertet und aus dem inneren Gleichgewicht gebracht.
- Innerlich erstarren Sie vor Schreck, halten den Atem an und fühlen sich wie geohrfeigt. Sie sind wie gelähmt, schockiert und können nicht schlagfertig parieren.
- Sie empfinden eine tiefe Enttäuschung, aber auch Wut über die Ablehnung.
- Sie gehen in die innere Kündigung: »Dann macht doch euren Kram alleine. Ohne mich!«

- Sie fangen an, die anderen zu verachten: »Die haben sowieso keine Ahnung.«
- Sie gehen auf Versöhnungsangebote und Besänftigungen der anderen nicht ein. Auf Beschwichtigungen, »So war das doch nicht gemeint«, oder Entschuldigungen wie »Sorry, wollte dich nicht treffen. Du bist halt so empfindlich« reagieren Sie nur mürrisch. Ständig fühlen sie sich missverstanden, da keiner sieht, wie schlimm es für Sie ist.

Je mehr die Selbstachtung von einem gelungenen Ergebnis abhängt und je stärker das eigene Herz an einem Projekt hängt, umso heftiger wird die Kränkungsreaktion ausfallen. Die einen reagieren mehr mit depressiven Minderwertigkeitsgefühlen, passiver Aggression, Resignation und Verzweiflung, die anderen mit offener Wut bis hin zur seelischen und körperlichen Gewalt. Viele drängen auf Rache, um die erlittene Verletzung wenigstens etwas auszugleichen und den anderen zu bestrafen. In der Regel brechen sie dann den Kontakt mit dieser Person ab. »Mit so einem, der mir so was antut, will ich nichts mehr zu tun haben, der ist für mich gestorben.«

Kränkungsreaktionen sind ein Zeichen für die Verletztheit eines Menschen, in ihrer Wirkung aber zerstörerisch. Sie lösen die Probleme nicht, sondern schaffen nur neue. Denn der gekränkte Mensch ist zu keiner konstruktiven Auseinandersetzung fähig und eher bereit, alles hinzuschmeißen und zu zerstören, als Frieden zu schließen. Mit beiden Formen, sowohl der aggressiven wie der depressiven, ist es gleichermaßen schwer umzugehen.

Narzisstische Menschen sind schon durch Kleinigkeiten kränkbar, wenn sie beispielsweise auf einen Fehler aufmerksam gemacht werden oder man sie bittet, das nächste Mal pünktlich zum Termin zu kommen. Sie fühlen sich sofort gemaßregelt und persönlich entwertet. Es gelingt ihnen nicht, Kritik als Rückmeldung für ihr Verhalten zu verstehen. Sie beziehen sie sofort auf ihre Person und fühlen sich abgelehnt, schlecht beurteilt und fehlerhaft. Im Grunde schämen sie sich dafür, etwas nicht richtig gemacht zu haben, würden das aber nie zugeben. Stattdessen reagieren sie beleidigt und vorwurfsvoll, wie man ihnen so etwas zumuten kann, oder sie schreien und schimpfen, als hätte man ihnen gekündigt. Kränkungsreaktionen sind in der Regel überzogen und für Außenstehende schwer nachvollziehbar. Oft strafen Gekränkte den anderen mit tagelangem Schweigen oder sind nur kurz angebunden. Manchmal reagieren sie auch schnippisch oder verpacken ihre Entwertung in Ironie. Sie lassen den anderen jedenfalls spüren, dass er etwas ganz Schlimmes getan hat. Eine sinnvolle Zusammenarbeit ist unter diesen Umständen nicht mehr möglich.

Auch wenn Kränkungen persönlich erlebt werden, darf man die Tragweite ihrer Wirkung auf die Arbeitssituation nicht unterschätzen. Denn wenn Kränkungsgefühle unkontrolliert ausagiert werden, müssen wir damit rechnen, dass sie großen emotionalen Schaden anrichten, der manchmal sogar nicht wiedergutzumachen ist. Aber nicht nur das. Durch schwelende oder aktuelle Kränkungskonflikte sind nicht nur Arbeitsplätze gefährdet, sondern es stehen darüber hinaus die Zusammenarbeit und die Qualität der Arbeit ebenso auf dem Spiel wie der Erhalt der Arbeitsgruppe, möglicherweise sogar der gesamten Institution.

Reagiert beispielsweise der Vorgesetzte gekränkt, weil er unter der größeren fachlichen Kompetenz eines Mitarbeiters leidet und diese Tatsache als persönliche Entwertung erlebt, beeinträchtigt das seine Führungsfunktion. Entweder wird er sich beschämt zurücknehmen und das Feld diesem Mitarbeiter überlassen, also seine Führungsaufgaben indirekt abgeben, oder er wird aus einem Minderwertigkeitsgefühl heraus die Zügel zu stark anziehen und autoritär signalisieren, wer »hier der Chef ist«. Wenn er daraufhin seine Mitarbeiter stärker kontrolliert oder ihnen sogar Kompetenzen oder Entscheidungsspielräume entzieht, kann sie das verletzen und die Stimmung in der Abteilung verschlechtern. Beide Reaktionsweisen des Chefs haben auf das Arbeitsklima ebenso Einfluss wie auf die Motivation der Angestellten und ihre Leistung.

Um den Schaden zu begrenzen ist es notwendig, dass Arbeitnehmer ebenso wie Führungskräfte sich mit diesem Thema auseinandersetzen. Leider ist es bis heute noch nicht Standard, sich Klarheit über die eigene Kränkbarkeit zu verschaffen und zu lernen, Kränkungsgefühle zu kontrollieren. Vor allem Führungskräfte müssten darin unterwiesen werden, Kränkungen innerhalb der Teams und der Abteilungen zu erkennen und aufzudecken. Und sie müssten auch mit den eigenen Kränkungsgefühlen konstruktiv umgehen können. Denn unerkannte Kränkungen können im schlimmsten Fall der Beginn einer Mobbingentwicklung sein und dann noch größeren Schaden für das Unternehmen und die Beteiligten anrichten. Vielleicht werden diese Seminare deshalb nicht oder nur selten angeboten, weil narzisstische Menschen sie nicht buchen würden, da sie sich scheuen, sich mit eigenen Defiziten auseinanderzusetzen. Dabei ist es für jeden hilfreich, Kränkungen anders zu verarbeiten, als sie gegen den anderen oder gegen sich selbst zu richten, denn dadurch schwächen sie nur ihr Selbstwertgefühl und machen sich noch anfälliger für Kränkungen. Ein gelassener Umgang mit Kränkungen ist daher das erklärte Ziel, weil es den besten Schutz vor unangenehmen Gefühlen und der Trübung unseres Selbstbildes darstellt.

Infolge von Kränkungen kann es sogar zu einer suizidalen Krise kommen, einer Situation, in der jemand Selbstmordgedanken hat und den Versuch unternimmt, sich zu töten oder es sogar ausführt. In diesem Moment sind die Verzweiflung und Hilflosigkeit so groß und das Gefühl der Wertlosigkeit und Nichtigkeit so überwältigend, dass die Betroffenen keinen anderen Ausweg mehr sehen. Sie fühlen sich als totale Versager und leiden unter einer »tödlichen« Scham, die dazu führt, dass sie sich ihre Existenzberechtigung absprechen. Das geschieht oft in Situationen, in denen alte Traumatisierungen getriggert (ausgelöst) werden, mit der Folge völliger Destabilisierung durch unreife emotionale Reaktionen und dem Fehlen funktionaler Bewältigungsstrategien.

Die anderen sind alles Idioten

Die besten Verteidigungsmechanismen narzisstischer Menschen sind Beschuldigungen und Verachtung. Sie kommen besonders dann zum Tragen, wenn sie gekränkt sind. Die Kränkungswut kann so groß werden, dass sie jegliche verbindlichen Umgangsformen verlieren, dem anderen nicht mehr zuhören und nur noch ihrer Argumentation folgen. Ihr Denken und Handeln verengt sich auf eine starre Sicht der Dinge, so wie sie sie sehen. Versucht der Kollege, ihnen seine Meinung zu vermitteln, wiegeln sie ab und drehen ihm das Wort im Mund um, sodass er am Ende als der Schuldige und Dumme dasteht. Ihre Anteile an dem Konflikt sehen sie nicht, sondern stempeln den anderen zum Idioten ab.

Ihre Kommunikation folgt dem Muster des sogenannten Dramadreiecks:

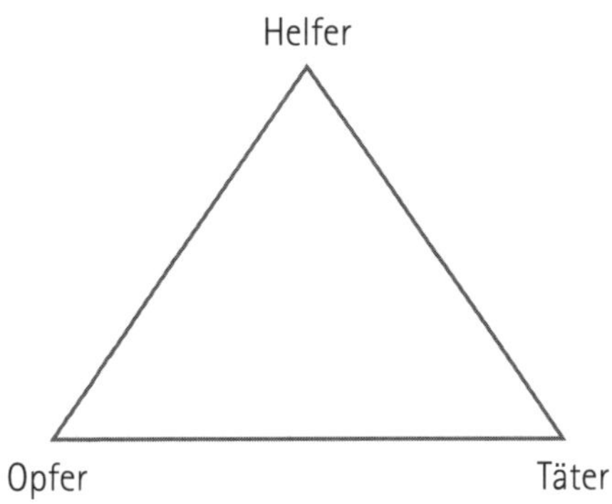

Die narzisstisch Gekränkten fühlen sich dabei als die bedauernswerten Opfer, denen Böses angetan wurde, wogegen sie sich wehren und verteidigen müssen. Und sie sind davon überzeugt, ein Recht dazu zu haben, weil ihnen ja Unrecht angetan wurde. Meist holen sie sich sogenannte Helfer an die Seite, also Menschen, die ihnen nach dem Munde reden und sie in ihrer Opferposition bestätigen. Mit dem Helfer an der Seite fühlen sie sich gestärkt, um den Kampf gegen den Täter aufzunehmen. Zum Täter kann jeder werden, von dem sie sich geschädigt fühlen und dem sie die gesamte Schuld und Verantwortung am eigenen Elend zuschieben. Verachtung und Beschuldigung dienen dazu, sich vor weiteren Angriffen des Täters zu schützen. Als Angriff erleben die narzisstisch Gekränkten alles, was nicht in ihr Selbstbild passt. Das können Kritik an ihrem Verhalten sein oder Hinweise auf gemachte Fehler. Es kann einfach nur eine andere Meinung des Gegenübers sein oder dessen Versuch, sich zu rechtfertigen. In diesen Momenten bombardieren sie ihn mit Anschuldigungen und schüchtern ihn mit der moralischen Keule ein. Nur sie selbst sind fehlerlos, machen alles richtig und vertreten die einzig wahre Meinung. Die Ansicht des anderen wird nicht respektiert und mit Gegenargumenten mundtot gemacht. Der so Beschimpfte hat keine Chance, denn er redet wie gegen eine Wand, die immer dicker, undurchdringlicher und abweisender wird. Egal, was er sagt und tut, er wird von dem narzisstischen Menschen nicht gehört. Das Ziel des Gekränkten ist es, den Täter am Boden liegen zu sehen, sich an ihm zu rächen, ihn zu bestrafen und kaputt zu machen. Und das gelingt ihnen auch zumindest zeitweilig, denn ob er will oder nicht, er fühlt sich am Ende zum Idioten abgestempelt, mies und schuldig. Körperlich kann es bei dem Beschimpften zu Übelkeitsgefühlen und Würgeimpulsen kommen, als müsse er sich übergeben. Eine sehr gesunde Reaktion, denn er bekommt ja etwas ab, das nicht zu ihm gehört und dessen er sich entledigen sollte.

Hier wirkt das expanded self. Der Beschimpfte übernimmt die Verachtung durch die narzisstischen Menschen und richtet sie gegen sich selbst. Das tut er aber nicht nur mit der Verachtung, sondern auch mit der zerstörerischen narzisstischen Wut. Er entwickelt Katastrophenphantasien darüber, wie ihn der Gekränkte schädigen oder sogar vernichten könnte. Spätestens jetzt ist es dringend notwendig, sich aus dem fremden Selbst zu befreien und eine angemessene Distanz zum Geschehen herzustellen. Denn das Problem liegt nicht nur bei ihm, sondern im großen Maße beim narzisstischen Gegenüber, das nicht fähig und bereit ist, den eigenen Anteil anzunehmen, sondern ihn beim anderen ablädt. Statt die Kränkung und den Frust zu benennen, werden die Gekränkten wütend und schlagen zu. Paradoxerweise verlieren sie dadurch das, was sie eigentlich bekommen wollten, nämlich die Loyalität des anderen. Das ist Dummheit, die aus der emotionalen Überreaktion erwächst. Wären sie emotional klüger, dann würden sie ihre Gefühle benennen und beherrschen können und damit am Ende wirklich profitieren. Wenn sie die Gunst des anderen befürchten zu verlieren, können sie ihm drohen und ihn einschüchtern oder ihm ihren Wunsch nach Zusammenarbeit antragen und ein gutes Angebot machen. Letzteres eröffnet zumindest die Chance, ihn zu gewinnen, wenn auch vielleicht zu anderen Bedingungen.

Horst war Kunstmaler und hatte sich eine recht gute Position auf dem Kunstmarkt erarbeitet. Von Zeit zu Zeit machte er Ausstellungen unter der Regie eines Galeristen, der die Räume zur Verfügung stellte und die Werbung übernahm. Es war eine für beide Seiten recht erfolgreiche Zusammenarbeit, die auch so hätte weitergehen können, hätte es nicht einen Führungswechsel gegeben. Mit Ilse, der Schwester des Galeristen, die aus Altersgründen ihren Bruder ablöste, kam er nicht zurecht. Sie war eine ziemlich überhebliche, sehr von sich eingenommene Frau, der es vorwiegend um ihren Profit und weniger um die Kunst ging. Da sie sich auf dem Gebiet der Bildhauerei und Malerei weniger gut auskannte, legte sie den Schwerpunkt auf den wirtschaftlichen Sektor. Dadurch fehlte Horst der Austausch über seine Werke, den er mit dem Bruder immer so geschätzt hatte. Er brauchte diese Art der Kritik und Sicht von außen, um kreative Anstöße zu bekommen. Da er sich von der Galeristin nicht unterstützt fühlte, nahm er dankend das Angebot einer Kollegin an, sich ihr und ihrer Gruppe anzuschließen. Sie führten selbst Ausstellungen durch und unterhielten eigene Räume. Ein echter Glücksfall für Horst. Eine letzte Ausstellung war noch mit der alten Galerie geplant und da er nicht wortbrüchig werden wollte, hielt er den Termin ein. Doch vorher erfuhr Ilse, dass er sich der anderen Gruppe angeschlossen hatte, und war zutiefst gekränkt. Sie wurde eiskalt, warf ihm Undankbarkeit vor, da er ja erst durch sie und ihre Galerie erfolgreich geworden sei und er somit eine Verpflichtung ihr gegenüber habe. Sie ließ ihn spüren, dass sie ihn verachtete, und wollte die Gründe für seinen Wechsel überhaupt nicht wissen. Obwohl ihm klar war, dass seine Entscheidung völlig in Ordnung war, kam er in eine Rechtfertigungshaltung. Besonders die moralischen Vorwürfe verletzten ihn. Sie tat so, als sei er nur ein Schmarotzer, der die Galerie ausgenutzt habe. Nichts, was er sagte und tat, half, alles prallte am Ärger von Ilse ab. Und dabei wollte sie ihn eigentlich gerne für sich behalten und nicht weglassen, aber das sagte sie ihm nicht, das verbot ihr der Stolz. Stattdessen wandelte sich ihr Wunsch in Wut, die seinen Entschluss, zu gehen, verstärkte. Er hätte sich auch vorstellen können, in Zukunft mit der Galerie zu kooperieren, aber für Ilse war er gestorben. Sie verzichtete lieber auf eine lukrative Einnahmequelle als auf ihre Kränkungswut. Strafe musste sein und die bestand darin, Horst zu verstoßen.

Die narzisstische Rache

Besonders destruktiv ist die Rachedynamik, da sie Ausdruck einer unreifen emotionalen Reaktion und dysfunktionalen Bewältigungsstrategie ist. Sie zeigt sich in Racheimpulsen und Rachehandlungen. Racheimpulse kennt jeder von uns, der sich jemals gekränkt, zurückgesetzt oder verletzt fühlte. »Dem werde ich es zeigen!« So denken und sprechen wir. Doch Racheimpulse müssen nicht unbedingt in Rachehandlungen enden. Oft reichen uns die Gedanken, um uns abzureagieren, und wir setzen sie nicht in die Tat um.

Rache will immer zerstören, nicht versöhnen. Sie ist eine Reaktion auf eine erlebte Enttäuschung oder Bedrohung wie beispielsweise Kritik, Zurückweisung oder Meinungsverschiedenheiten. Nicht auszuhalten ist für den narzisstisch verletzten Menschen dabei vor allem die Scham und Schmach, sobald er sich in einer Situation befindet, die er als Entwertung erlebt. Das kann zum Beispiel die Ablehnung seiner Bewerbung für einen Job sein und die damit einhergehende Konfrontation mit seinem Versagen und dem Gefühl von Wertlosigkeit. Ein anderer wird ihm vorgezogen und ist besser als er. Wie steht er nun da, was halten die anderen von ihm? Sein Selbstbild kann er nur aufrechterhalten, indem er das Auswahlverfahren entwertet oder die Stelle im Nachhinein schlechtmacht.

Andere Beispiele sind die plötzliche Kündigung eines langjährigen und wichtigen Mitarbeiters, der drohende Verlust eines guten Kunden oder der Wechsel eines Autors zu einer anderen Zeitung. Diese Situationen werden als schmähliches Verlassenwerden und als Zurückweisung erlebt. Das beschämt den narzisstischen Chef, weil er fürchtet, dass es in den Augen der anderen wie Versagen aussieht und auf ihn zurückfällt. Um die Scham zu verdrängen, lenkt er seine Wut und seinen Hass auf den Menschen, der ihn verlassen will.

Gemäß dem Dramadreieck stempelt er den anderen zum »Täter«, der sich schuldig gemacht hat und bestraft werden muss. Er droht ihm, ihn zu entlassen oder die Zusammenarbeit aufzukündigen. Paradox, weil er ja genau das fürchtet. Doch indem er die Trennung in Aussicht stellt, bekommt er wieder Macht über die Situation. Lieber entlässt er den anderen, als verlassen zu werden.

Der Rächer sitzt am längeren Hebel, wenn er die Machtmittel besitzt und dem »Täter« Gratifikationen entziehen kann. Er streicht dem Außendienstler dringende Dienstreisen, sagt dem Autor wichtige Vortragstermine ab, behält versprochene Gratifikationszahlungen ein oder gibt dem Abteilungsleiter entscheidende Informationen nicht weiter. Alles mit dem Ziel, dem andern zu schaden, weil er für die eigene Kränkung verantwortlich gemacht wird. Auch wenn es ihm selbst schadet, ist die Bestrafung wichtiger, als den »Täter« ungeschoren davonkommen zu lassen.

Das alles geschieht mit einer solchen Destruktivität und Zerstörungswut, dass es den Betroffenen die Sprache verschlägt und sie sich waidwund geschlagen fühlen.

Das Perfide dabei ist, dass sich die Betroffenen so hilflos und ausgeliefert fühlen, weil sie nichts bewirken können. Eine Auseinandersetzung funktioniert nicht, weil der narzisstisch Gekränkte eine sehr eingeschränkte Sicht der Dinge hat. Er hört und versteht nicht, wie es dem anderen geht, und lässt sich nicht darauf ein, das Problem aus der Sicht des anderen anzuschauen. Keine Klarstellung hilft der Versöhnung, man hat sozusagen ausgespielt. Je stärker die narzisstische Beeinträchtigung ist, umso destruktiver sind die Reaktion und die Zerstörung.

»Und wenn es mein eigenes Leben kostet«, beschwört die Königin im Märchen ihre Versuche, das schöne Schneewittchen zu töten. Sie erträgt die Schmach nicht, nicht die Schönste, Erste, Einzige zu sein, und wird vor lauter Neid und Rachebedürfnis zur tödlichen Gefahr für ihre Feindin. Das ist ein plastisches Bild für das, was man mit stark narzisstischen Menschen erlebt. Ihre Beeinträchtigung besitzt mitunter Krankheitswert und entlädt sich in massiver seelischer Gewalt. Sie sind wie in einem Tunnel, tobend, rasend vor Wut und nur auf Rache aus. Dabei kann es auch zu Handgreiflichkeiten und körperlichen Verletzungen kommen, schlimmstenfalls sogar zu Tötungshandlungen.

Das Wichtigste, das wir in einem solchen Fall für uns tun können, ist uns zu schützen, indem wir bestenfalls die Beziehung zu diesem Menschen beenden. Ist man allerdings gezwungen, weiter zusammenzuarbeiten, geht man sich am besten aus dem Weg, da man sich sonst nur anfeindet. Doch die negative, zerstörerische Stimmung wirkt zumindest unterschwellig weiter und sollte nicht zu lange ausgehalten werden. Denn auch wenn der offene Kampf endet, bleibt die Verachtung.

»Narzissten können Bindungsimpulse und Wertschätzung für andere nur so lange spüren, solange diese sie bewundern und mögen. Ist das nicht mehr gegebenen, spüren sie nur noch Wut, Hass und Ablehnung.«[52]

»Wer weiß, wo seine Stärken liegen, kann leichter zu seinen Schwächen stehen.«

Ernst Ferstl[53]

Idealisierung und Entwertung

Der narzisstische Mensch erfährt als Kind ein emotionales Klima von Idealisierung und Verachtung. Das überträgt er in seine Haltung sich selbst gegenüber, die von unrealistischer Selbstliebe im Wechsel mit Selbstverachtung bis hin zum Selbsthass reicht. Diese frühen Erfahrungen prägen auch seine Einstellung anderen gegenüber. Er erwartet weder echte Liebe noch wirkliche Fürsorge und Unterstützung, sondern Bewunderung oder Kritik, Kontrolle oder Ignoranz. Er selbst verhält sich den anderen gegenüber in derselben Art: Er idealisiert oder entwertet, kontrolliert und zeigt wenig Einfühlung.

Die zwei wichtigen Mechanismen im narzisstischen System, die Idealisierung und die Entwertung, sind notwendig, um die innere Spaltung in einen grandiosen und einen minderwertigen Teil aufrechtzuerhalten. Die Grundthematik beim Narzissmus ist ja die Entfremdung vom eigentlichen, wahren Selbst und der Aufbau einer narzisstischen Fassade. Diese besteht zum einen aus der Grandiosität, der Selbsterhöhung und Idealisierung, zum anderen aus der Minderwertigkeit, der Selbstabwertung, dem Gefühl, nicht gut genug zu sein. Die folgende Abbildung zeigt das narzisstische Spaltungsmodell:

Die dicken schwarzen Balken zeigen, dass die drei Seiten des Selbst nicht integriert sind, sondern voneinander getrennt erlebt werden. Der Zugang zum wahren Selbst ist verstellt und die Person identifiziert sich mit ihrem falschen Selbst, ihrer Maske. Auch die zwei Seiten der Maske sind nicht miteinander verbunden, sodass entweder die Grandiosität vorherrscht oder das Gefühl von Minderwertigkeit. Das bedeutet, dass der Mensch sich im Zustand der Entwertung nicht an grandiose Gefühle erinnern kann. Und umgekehrt weiß er im Zustand der Grandiosität nicht, wie sich Minderwertigkeit anfühlt. Beide Einschätzungen existieren nur nebeneinander, sind absolut und entsprechen nicht der Realität.

Je näher der narzisstische Mensch seinen Idealen von Erfolg, Attraktivität und Macht kommt, umso grandioser fühlt er sich. Damit geht immer eine Aufwertung einher: »Ich bin der Größte und Klügste.« Umgekehrt erlebt er sich unterlegen und wertlos, wenn er versagt, kritisiert wird oder Ablehnung erfährt, und wertet sich ab: »Ich bin zu dumm für diesen Job und mache alles falsch.«

Der Mechanismus der Auf- und Abwertung wird aber nicht nur bei der Selbsteinschätzung angewendet, sondern auch auf andere Personen übertragen. Sie werden je nach ihren Eigenschaften, Attributen und ihrer Bedeutung für den narzisstischen Menschen als besonders, super und außergewöhnlich idealisiert und auf den Sockel gehoben oder entsprechend entwertet, wenn sie den idealen Vorstellungen nicht oder nicht mehr entsprechen. Der positive Effekt der Idealisierung besteht darin, sich im Glanz des anderen spiegeln zu können und dadurch selber aufgewertet zu werden. Das ist ein Grund, warum narzisstisch Bedürftige sich gerne und oft mit berühmten Menschen umgeben und im Gespräch immer wieder Namen bekannter Personen fallen lassen, als stünden sie mit ihnen auf Du und Du. Deren Bekanntheit macht auch sie etwas bekannter und wertet sie auf.

Sagt der narzisstische Klient beispielsweise zu seiner Therapeutin: »Sie sind die Beste und Einzige und nur Sie können mir helfen«, dann ist das ein Ausdruck seiner Anerkennung. Aber nicht nur das. Die Absolutheit der Aussage zeigt, dass es sich mehr um eine Idealisierung als um eine Würdigung handelt. Die Idealisierung braucht der Klient, um an der Größe der Therapeutin teilzuhaben und sein Selbstbild aufzuwerten. Denn eine Therapie machen zu müssen, ist für narzisstische Menschen eine Kränkung. Wer aber bei einer so großartigen Therapeutin ist, der muss ein besonderer Klient sein. Wenn schon Klient, dann wenigstens ein besonderer. Doch in der Idealisierung liegt auch eine große Gefahr. Erfüllt die Therapeutin den idealen Standard nicht mehr, dann kippt sie ebenso schnell vom Sockel, wie sie vorher draufgestellt wurde. Das kann ihr beispielsweise passieren, wenn sie in Urlaub geht, denn es ist ein Affront für den Patienten, ohne sie auskommen zu müssen. »Wie kann sie mir das zumuten?« Sie muss eine schlechte und verantwortungslose Therapeutin sein, sonst würde sie ihn nicht allein lassen. Und damit endet die Idealisierung und macht der Entwertung Platz. Die Fallhöhe vom Thron ist so tief, wie die Aufwertung vorher hoch war.

In der Politik haben wir diesen Mechanismus an dem ehemaligen Verteidigungsminister Karl-Theodor zu Guttenberg und dem abgedankten Bundespräsidenten Christian Wulff gesehen. Beide glänzten mit ihren jungen attraktiven Ehefrauen, wurden wie Stars behandelt, repräsentierten eine Politikergeneration im Rampenlicht und wurden von den Menschen idealisiert. Ihr Sturz kam unausweichlich und war für beide ungeheuer schmerzlich. Als Wulff sein Amt und damit seine Macht und Bedeutung aufgab, verlor er auch noch seine Frau und Familie. Er ist nicht daran zerbrochen, hat für seine Rehabilitation gekämpft, doch es geht kein Glanz mehr von ihm aus. Idealisiert wird er schon lange nicht mehr, dafür musste er viele Schmähungen und Entwertungen aushalten.

Die Idealisierung der anderen Person wird eingesetzt, um an ihrer Größe teilzuhaben und davon zu profitieren. Die Abwertung dient dazu, die eigene Größe zu bewahren, indem der andere kleingemacht wird. Beides unterstützt die vier wesentlichen Kriterien des Narzissmus: Grandiosität, Anspruchshaltung, Dominanz und Überlegenheit. Anspruchsvoll sein kann nur jemand, der sich für etwas Besseres hält und sich mehr Rechte zugesteht als anderen. Daraus ergibt sich eine Erwartungshaltung, wie die Umwelt mit ihm umzugehen hat. Genauso ist es mit der Überlegenheit. Sich überlegen zu fühlen bedeutet, besser zu sein, schneller, erfolgreicher, schöner etc., also alle Superlative in der eigenen Person zu vereinen.

Ein Unternehmensberater wirbt beispielsweise im Netz recht offensiv mit dem Slogan: Überlegenheit im Wettbewerb[54]. Er bietet seine Dienste an, einzigartige und unverwechselbare Lösungen zu entwickeln mit dem Ziel der Überlegenheit. Das alles trägt zur Grandiosität, zur eigenen Überhöhung und Idealisierung bei. Dabei ist Grandiosität an sich gar nichts Schlechtes. Sie beinhaltet Ideale, Visionen und Ziele, auf die wir uns hinentwickeln können und ohne die wir wie ein Auto ohne Motor wären. Doch müssen wir immer im Bereich der Superlative liegen, um gut zu sein? Reicht nicht gut genug auch? Für narzisstische Menschen nicht. Denn wer meint, super und perfekt sein zu müssen, gibt sich nicht mit gut genug zufrieden. Es kann sogar Angst auslösen: »Wenn ich nur gut genug bin, falle ich nicht mehr auf und gehe in der großen Masse unter.« Und dann fehlt die so notwendige narzisstische Zuwendung.

Das Dorian-Gray-Syndrom

Ein Königsweg für narzisstische Zuwendung ist die äußere Attraktivität und Schönheit. Diese Dimension wird vor allem Frauen zugeschrieben, deren Äußeres nach wie vor mehr im Fokus steht. Doch auch Barack Obama wurde wegen seines hellen Sommeranzugs verlacht. Männer sind daher nicht davor gefeit, der kritischen Bewertung ihrer Äußerlichkeit und ihres Outfits ausgeliefert zu sein. Zudem sind vor allem narzisstische Männer sehr eitel, was so weit gehen kann, dass sie sich neue Haare implantieren, liften und die Augenlider straffen lassen. Silvio Berlusconi ist wohl der bekannteste Vertreter dieser Männergilde. Was bei Frauen eher toleriert wird, zaubert im Zusammenhang mit Männern ein spöttisches Lächeln auf unsere Lippen, manchmal sogar verbunden mit einem Anflug von Verachtung.

Doch gerade in höheren beruflichen Positionen kann das Aussehen einen Beitrag zu Erfolg oder Misserfolg leisten. Die Attraktivitätsforschung hat festgestellt, dass schöne Menschen positiver eingeschätzt werden als hässliche. Man hält sie für intelligenter, begabter, freundlicher, aufgeschlossener und selbstbewusster. Schon im Kindergarten und in der Schule werden hübsche Kinder positiver bewertet als hässliche. Sie bekommen bessere Noten, werden als charakterlich schätzenswerter eingestuft und weniger stark bestraft als hässliche Kinder, die auch eher Gefahr laufen, misshandelt zu werden.[55] Auf diese Weise erhalten Schönheit und Hässlichkeit die Bedeutung einer schicksalhaften Mitgift bei der Geburt, obwohl die Bewertungsprozesse, denen hübsche ebenso wie hässliche Menschen unterliegen, in hohem Maße gesellschaftlich geprägt sind.

Dorian Gray, der dem hier beschriebenen Syndrom den Namen gab, fand eine Möglichkeit, den körperlichen Verfall zu leugnen, indem er das Porträt von sich statt seiner selbst altern ließ. Die Betroffenen des Dorian-Gray-Syndroms werden folgendermaßen charakterisiert:[56]

- Sie wehren sich gegen die Folgeerscheinungen des Alterns und hängen dem Forever-young-Ideal an.
- Sie beschäftigen sich übermäßig mit ihrem äußeren Erscheinungsbild.
- Sie schämen sich für geringfügige oder eingebildete körperliche Fehler.

- Sie gehen zu Schönheitschirurgen und Ärzten, die Lifestyle-Angebote machen.

Sie können ihren Körper nur dann akzeptieren, wenn er dem Schönheitsideal entspricht. Tut er das nicht, kann ihm sogar die Schuld und Verantwortung für berufliches Versagen zugeschrieben werden, nach dem Motto: »Ich habe den Job nicht bekommen, weil ich nicht attraktiv genug bin.«

Das Streben nach körperlicher Schönheit und Unversehrtheit ist ein elementares Mittel, um das Selbstbild zu stärken, und zugleich ein legitimes Bedürfnis. Denn wenn wir uns gefallen, uns schön und attraktiv fühlen, steigen unser Selbstbewusstsein und unser Selbstvertrauen. Das verbessert unsere Wirkung auf andere. Das Problem ist daher weniger das Streben nach Schönheit an sich, als vielmehr die Absolutheit, mit der Schönheitsnormen verfolgt werden, um Selbstwertdefizite auszugleichen. Die Frage, die sich Menschen mit einem Dorian-Gray-Syndrom stellen, ist nicht »Wer bin ich?«, sondern »Wie sehe ich aus, was stelle ich dar?«. Was liegt da näher, als nach der perfekten Schönheit, der scheinbaren Alterslosigkeit und immerwährenden Gesundheit zu streben?

Eines der Motive von Menschen, sich operativ verschönern und verjüngen zu lassen, ist die damit verbundene Illusion, durch ein perfekteres Äußeres als Mensch mehr wert zu sein. Nach dem Motto: Je schöner, umso erfolgreicher, liebenswerter und wertvoller. Wenn sie gut aussehen, die zu große Nase verkleinert, die Falten entfernt und das Fett abgesaugt haben, dann erst sind sie akzeptabel. Als könne der manipulierte Körper die selbstunsicherere Seele heilen. Bei ihnen siegt der schöne Schein über das Sein, so wie im Narzissmus.

Das sehen wir auch bei Frauen mit Essstörungen, deren Selbstakzeptanz mit dem Gewicht variiert. Im Schlanksein bis hin zum Magersein liegt scheinbar die Lösung für ihre Selbstzweifel.

Schlankheit, Schönheit und gutes Aussehen werden so zum Wert an sich in einer narzisstischen Gesellschaft, die sehr an Äußerlichkeiten orientiert ist. Um das Bedürfnis nach Zugehörigkeit und Selbstwertsteigerung zu befriedigen, müssen wir die herrschenden Schönheits- und Leistungsnormen erfüllen. Das sieht man unter anderem am einheitlichen Dresscode im Business: dunkler Anzug, weißes Hemd/Bluse und bei Frauen High Heels. Getoppt wird der positive Effekt durch die Exklusivität der Modemarke. Dieses Outfit wirkt seriös und ansprechend und signalisiert Kompetenz und Selbstbewusstsein. Stellen wir uns gegen die Norm, laufen wir Gefahr, herauszufallen und Anerkennung und Bewunderung zu verlieren.

Doch: »Die einseitige Ausrichtung an der Optimierung des eigenen Aussehens kann zu einem Schönheitswahn führen.«[57]

Vor diesem Hintergrund boomt die Schönheitsindustrie. Demnach haben die Deutschen 2012 zwischen 560 und 850 Millionen Euro für ca. 170.000 Schönheitsoperationen ausgegeben.[58] Ein lukrativer Markt für narzisstische Bedürfnisse. Doch die Schönheits-OP kann weder den Selbstwertmangel ausgleichen noch die Kompetenz erhöhen. Sie bleibt ein Ersatz für eine Selbstliebe, die darauf achtet, sich nicht zu vernachlässigen und sich zu akzeptieren, wie man ist. Diese Haltung strahlt positiver auf andere aus als ein künstlich verschönertes Gesicht.

Die Verbindung von körperlicher Schönheit und Erfolg beziehungsweise körperlicher Unattraktivität und Versagen ist jedoch nicht allein das Ergebnis von neurotischem Denken. Auch die Medien stellen diesen Zusammenhang immer wieder her. In Filmen und in der Werbung wird den Menschen suggeriert, dass mit äußerlicher Attraktivität fast alles im Leben zu erreichen sei. In diesem Sinne ist es ein allgemein gesellschaftliches Thema, unter dem viele narzisstische Menschen leiden. Ich halte es daher für wichtig, diese Zusammenhänge kritisch zu hinterfragen, statt sich davon abhängig zu machen.

Neben der Abwertung oder Idealisierung des Körpers und seiner Bedeutung für den Selbstwert gibt es im narzisstischen System auch die hypochondrische Besetzung, also die ständige Sorge um die physische Gesundheit. Dabei wird das, was man nicht sein will, auf den eigenen Körper projiziert und somit zum Feind. Auf diese Weise wird die Angst vor seelischer Schwäche gebunden und wendet sich gegen den Körper oder gegen Körperteile. Die Furcht vor einer Erkrankung oder einem körperlichen Gebrechen ist leichter zu ertragen als die Angst, schwach zu sein und zu versagen. Gefühle der Unvollkommenheit werden auf diese Weise abgewehrt. Zugleich können körperliche Beschwerden und Krankheit als Entschuldigung für das Nichteinlösen des Perfektionsanspruchs dienen und ein Ausdruck von nicht eingestandenem seelischem Schmerz bedeuten. Das körperliche Leiden ist dann ein Ventil, über das Menschen ihr seelisches Leiden leben und ausdrücken. Der sekundäre Krankheitsgewinn liegt in der Möglichkeit, Zuwendung zu bekommen, aber auch aggressive Impulse ungestraft auszuleben und Unannehmlichkeiten aus dem Weg zu gehen.

»Die psychosomatischen und hypochondrischen Beschwerden geben den Betroffenen einen Grund, sich fallenzulassen und als bedürftig zu erweisen.«[59]

Etwas, das sie sich sonst aus Scham nie erlauben würden.

Die Scham, nicht zu genügen

Hinter allen narzisstischen Manövern, sei es die hypochondrische Besetzung des Körpers, die Suche nach Schönheit, nach Bestleistungen oder danach, von allen bewundert und geliebt werden zu wollen, steht die Angst, nicht zu genügen. Es ist der permanente Kampf gegen das Versagen und die damit zusammenhängende, unerträgliche Scham. Da es schwer ist, diese Angst und Scham auszuhalten, werden sie verdrängt oder abgespalten und mithilfe der Grandiosität überdeckt. Auch wenn die Furcht, nichts wert zu sein, aus dem Bewusstsein ausgeblendet wird, wirkt sie dennoch als sogenanntes »implizites Selbstwertgefühl« weiter. Im Gegensatz zum bewussten, expliziten Selbstwertgefühl, das sich in unseren Selbstbeschreibungen zeigt, ist das implizite Selbstwertgefühl die unbewusste Bewertung der eigenen Person.

Beide Selbsteinschätzungen müssen nicht automatisch übereinstimmen. Psychologische Studien zeigen, dass Diskrepanzen zwischen den Einschätzungen in der Regel mit Problemen einhergehen. Die negative implizite Einschätzung beeinflusst die positive explizite, da mit ihr Pessimismus und Selbstzweifel verbunden sind.

Eine Nicht-Übereinstimmung von bewusstem und unbewusstem Selbstwert finden wir auch bei narzisstischen Menschen. Sie besitzen eine hohe explizite Einschätzung, die implizite ist jedoch gering. Nach außen geben sie sich selbstbewusst, überlegen und kompetent, was sie auch bis zu einem gewissen Grad sind. Aber unbewusst wirken Minderwertigkeitsgefühle und Unsicherheit. Diese können sie so stark verleugnen, dass sie nicht mehr in ihrem Bewusstsein sind. In Kontakt sind sie dann nur noch mit ihrem bewussten Größenselbst. Bereits bei Kleinigkeiten jedoch reagieren sie sehr gekränkt, was auf eine schwache implizite Selbsteinschätzung hindeutet. Unbewusst sind sie längst nicht so selbstwertstark wie bewusst.

Georg verkörperte den Prototyp des Aufsteigers. Er wuchs in einer leistungsorientierten Familie auf, sein Vater war ein erfolgreicher Anwalt und in dem kleinen Ort, in dem sie wohnten, ein mächtiger Mann. Er wurde zu seinem Vorbild: »So will ich auch einmal werden.« Dafür tat Georg alles. Er bemühte sich, gute Noten zu schreiben, begann ein BWL-Studium, weil es ihm als das Erstrebenswerteste erschien, und arbeitete sich allmählich zum CEO (Chief Executive Officer, Geschäftsführer) hoch. Nun hatte er es geschafft, er war anerkannt, konnte seine Intelligenz und sein strategisches Denken einsetzen, Menschen führen und viel Geld verdienen. Doch wehe, er wurde kritisiert oder nicht beachtet. Dann wurde er sehr ungehalten, verteidigte seinen Standpunkt, den er immer für den richtigen hielt, vehement und ließ den anderen nicht weiter zu Wort kommen. Mit diesem Verhalten verschaffte er sich Respekt und hielt sich Kritiker vom Leib. Geliebt wurde er zwar nicht, aber immerhin geachtet. Seine Empfindlichkeit führte dazu, dass er geschont wurde, weil jeder fürchtete, seinen Zorn abzubekommen. Und dabei stand Georg unter einem immensen Druck, was aber niemand merkte, denn er gab sich immer lässig, überlegen und selbstbewusst. Sein Lebensmotto, das er von seinem Vater gelernt hatte, lautete: »Lass niemanden sehen, wie es dir wirklich geht, sonst lieferst du dich aus.« Danach lebte und handelte er. Er hatte sich eine perfekte Maske zugelegt und damit auch viel Erfolg. Den brauchte er, um sein Selbstbild des mächtigen und erfolgreichen Mannes aufrechtzuerhalten. Was er nicht duldete, war, auf Fehler oder Versäumnisse hingewiesen zu werden, die nicht in sein perfektes Bild passten. Wer perfekt ist, macht keine Fehler, sondern alles richtig. Er hatte große Angst, etwas falsch zu machen, weil er sich dann als Versager fühlte und sich schämte. Das speiste sich aus seinem negativen impliziten Selbstbild und verhinderte, dass er überlegen und konstruktiv mit Kritik umgehen konnte. Er musste sie abwehren, um sich nicht zu schämen, und durfte keine Versäumnisse eingestehen.

Im Coaching wurde ihm klar, dass der immense Druck, unter dem er stand, viel damit zu tun hatte, dass er seine perfekte Fassade unter allen Umständen aufrechterhalten und Fehler vermeiden wollte. Zwar konnte er sich noch nicht seiner großen Angst und Scham stellen, da er befürchtete, dass sonst sein gesamtes Gebäude zusammenbrechen würde. Aber er bekam zumindest eine Ahnung davon, dass hinter der perfekten Fassade ein unsicherer Georg verborgen lag, der Unterstützung und Zuwendung brauchte.

Häufig beginnen narzisstische Menschen ihren Veränderungsprozess erst in Zeiten der Not, wenn sie beispielsweise krank werden, ihren Job verlieren, ihre Ehe scheitert oder ein Kind Probleme bekommt. Also dann, wenn das, was das System bisher stabilisierte, wegbricht und die Kontrolle nicht mehr aufrechterhalten werden kann.

Doch bis dahin werden alle Register gezogen, um den Status quo zu erhalten. Nicht selten werden auch Drogen und Medikamente eingesetzt, um die Ansprüche besser erfüllen und dem Druck standhalten zu können. Alles scheint besser, als sich Schwächen, Fehler und Unsicherheiten einzugestehen, denn das ist gleichbedeutend mit Versagen und der Scham, dem Anspruch nicht zu genügen. In dem Moment, in dem die Grandiosität zusammenbricht, treten Minderwertigkeitsgefühle und depressive Stimmungen auf, das Erleben kippt übergangslos ins Negative und stellt die Wertigkeit infrage.

Ständige oder häufige Schamreaktionen sind ein Merkmal für das Vorliegen eines geschwächten Selbst. »Die extremen Gefühle von Wertlosigkeit, Demütigung und Scham, die durch jedes Versagen und jede Blamage ausgelöst werden, sind symptomatisch für die Weigerung, sich von dem überheblichen Selbstkonzept zu trennen, das keine menschliche Fehlbarkeit zulässt.«[60]

»Ich bin monogam! Ich kann nur einen lieben, mich.«[61]

Es ist so schön, »Narzisst« zu sein

Es scheint einen Trend zu geben, sich mit der Bezeichnung »Narzisst« zu schmücken und sogar stolz darauf zu sein. Das zeigt der Ein-Frage-Narzissmus Test (Single Item Narcissism Scale, SINS), bei dem Menschen keine langen Fragebögen ausfüllen, um zu einer Diagnose zu gelangen, sondern sie einfach nur gefragt werden:

»Wie sehr stimmen Sie der Aussage zu: Ich bin ein Narzisst?« Ergänzt wird die Frage durch die Anmerkung, ein Narzisst sei selbstbezogen, geltungsbedürftig und eitel. Die Testpersonen sollten sich auf einer Skala von 1 bis 7 einschätzen, wobei 1 für »trifft gar nicht auf mich zu« und 7 für »trifft voll und ganz auf mich zu«. Diese Frage wurde 2250 Probanden gestellt.[62]

Das Problem an dem Test scheint mir zu sein, dass er Narzissmus sehr vereinfacht definiert und die Narzissmus-Tests dagegen eine viel differenzierte Definition des Symptoms zugrunde legen. Dennoch deckten sich nach Aussagen der Forscher die Ergebnisse des SINS mit denen aus dem bekannten Narzissmus-Test NPI (Narcissistic Personality Inventory), der aus 40 Fragen besteht. Wie ich schon zu Beginn schrieb, gibt es unter Psychologen und Psychotherapeuten große Unstimmigkeiten in Bezug auf die Diagnose Narzissmus und narzisstische Persönlichkeit. Das Problem von Definition und Messbarkeit scheint auch hier wieder zum Ausdruck zu kommen.

Spannender an diesem Test finde ich die Diskussion, die er ausgelöst hat, nämlich eine scheinbare Neubewertung des ehemals negativen Begriffs Narzissmus.

Folgende E-Mail bekam ich von einem Mann, der sich angesprochen fühlte:

Mir hat man zumindest narzisstische Züge attestiert. Ich kann wunderbar damit leben. Ich »weiß« doch, dass mein Narzissmus für mich und mein Umfeld weit mehr Vorteile als Nachteile gebracht hat. Mein Erfolg in Beruf und Privatleben ist doch Tatsache. Ich wollte noch nie ein »Normalo« sein - ein Herdentier. Gerade meine sehr selbstbewusste Erscheinung war ein Erfolgsgarant. Auf den ersten Blick gelegentlich arrogant wirkend. Es ist eine Tatsache, dass starke, entscheidungsfreudige, selbstbewusste, eloquente, optimistische, ... gut aussehende männliche Persönlichkeiten von Frauen überwiegend bewundert (geliebt) und von Männern relativ schnell akzeptiert und geschätzt werden.

Ich bin übrigens seit über 30 Jahren glücklich verheiratet. Sie könnte – nach Ihrer Beschreibung – eine Narzisstin sein. Weniger begabte Kollegen von Ihnen haben meine Frau stets bedauert. Darüber konnten wir beide nur »mitleidig« lachen!

Mit narzisstischen Grüßen
der Selbstgefällige T. S.

Der Grund, warum die eine Frage aus dem Ein-Frage-Test ausreicht, um Narzissten zu identifizieren, liegt daran, dass sie ihre Selbstverliebtheit nicht als Problem ansehen, sondern eher noch stolz auf ihre Überlegenheit sind. Diese Tatsache aber macht den Kontakt mit ihnen so schwer. Denn wer leidet, ist die Umwelt, die sich aber nicht verständlich machen kann, eben weil das Gegenüber keine Einsicht in sein Problem hat und es nicht als solches wahrnimmt. Dass T. S. so gut bei seinen Mitmenschen ankommt, ist nicht die Regel.

Zwischen vereinnahmender Nähe und einsamer Distanz

Narzissmus ist nicht nur eine Beeinträchtigung des Selbstwertes, sondern auch eine Beziehungsstörung. Narzisstische Menschen haben Angst vor Nähe und sind unfähig zu echter Bindung, auch wenn sie eine tiefe Sehnsucht danach haben. Zugleich meiden sie das Alleinsein, denn sie brauchen Bestätigung. Ich habe diese Beziehungsstörung deshalb das »Beziehungsdilemma« genannt. Dilemma deshalb, weil sie zwischen zwei, in ihrem Erleben unangenehmen Zuständen, wählen müssen: zwischen der Nähe und dem Alleinsein. In der Nähe fürchten sie, vereinnahmt zu werden und ihre Autonomie zu verlieren, so wie als Kind. In der Distanz lauert das Alleinsein ohne narzisstische Zufuhr. Das bedeutet, egal wie sie sich entscheiden, es gibt keine wirklich gute Lösung, auf die sie sich vertrauensvoll einlassen können.

Unser erwachsenes Beziehungsverhalten beruht im Wesentlichen auf frühen Bindungserfahrungen. Bedeutsam sind dabei vor allem die Qualität der frühen Bindung und die darin erlebte Sicherheit oder Unsicherheit. Dadurch bildet sich ein inneres Arbeitsmodell für Beziehungen. Je dysfunktionaler es ist, umso dysfunktionaler sind die späteren Beziehungen und Selbstkonzepte. Denn durch frühe zwischenmenschliche Interaktionsmuster werden wir zu der Persönlichkeit, die wir heute sind.

Aus der Bindungstheorie wissen wir, dass narzisstische Defizite vor allem durch eine unsichere Bindung mit den Bezugspersonen entstehen. Narzisstische Menschen haben in ihrer Kindheit ein Defizit elterlicher Unterstützung durch Nicht-Beachtung ihrer Person erlebt. Entweder wurden sie überhöht und überfordert oder entwertet und vernachlässigt. Die Überhöhung hatte zur Folge, dass sie sich vereinnahmt und fremdbestimmt fühlten. Die Vernachlässigung bestand darin, nicht gespiegelt zu werden und ohne Resonanz zu bleiben. In beiden Fällen bekommen die Kinder das Gefühl, emotional allein gelassen zu sein, weil niemand da ist, der sie unterstützt, beschützt und angemessen auf sie reagiert. Im Erwachsenenalter kommt es dann in Beziehungen zu den typischen Schwankungen zwischen symbiotischer Nähe und totaler Distanz. Wird die Nähe zu eng, ziehen sie sich zurück und sind nicht mehr erreichbar. Fühlen sie sich in der Distanz aber allein gelassen, kommt es zu unangemessenen Wutausbrüchen. Hinter dieser Aggression sind die Verletztheit und der sehnliche Wunsch verborgen, gesehen und verstanden zu werden.

Beziehungen sind daher für narzisstische Menschen eher ein Minenfeld als eine Quelle von Kraft und Unterstützung. Sie sind ständig auf der Hut, nicht zu viel preiszugeben, um nicht manipuliert zu werden. Sie befürchten immer, für die Erwartungen und Wünsche des anderen ausgebeutet zu werden. Auf der anderen Seite suchen sie ihr Leben lang nach der nie bekommenen Bestätigung für die Person, die sie sind.

So, wie sie früher behandelt wurden, so behandeln sie heute

die anderen. Wurden sie nicht geachtet als die, die sie waren, achten sie die anderen auch nicht in ihrer Individualität, sondern erwarten Anpassung und Unterwerfung. Wurden sie nicht gesehen und wurde nicht mitfühlend auf sie reagiert, sehen sie auch die anderen nicht und entwickeln kein Mitgefühl für sie.

Oft ist den Menschen ihr spezifisches Arbeitsmodell der Beziehungen gar nicht bewusst und sie erkennen ihren Anteil am Scheitern der Interaktion nicht, sondern bleiben stecken im Klagen über den anderen. Dann ist der Mitarbeiter das eigentliche Problem oder der Kollege ist schuld, wenn es zum Konflikt kommt.

Kein Wunder also, dass der Umgang mit narzisstischen Chefs, Kollegen und Mitarbeitern dermaßen schwierig ist. Denn recht kann man es ihnen nicht machen. Bietet man ihnen eine Zusammenarbeit an, läuft man Gefahr, dass sie sich in ihrer Autonomie bedroht fühlen, lässt man sie links liegen und zieht das Projekt alleine durch, fühlen sie sich ausgeschlossen und missachtet. Für beide Seiten eine unerquickliche und erfolglose Zwickmühle.

»Karriere ist etwas Herrliches, aber man kann sich nicht in einer kalten Nacht an ihr wärmen.«

Marilyn Monroe[63]

Soft Skills

Die Begriffe Soft Skills (weiche Fähigkeiten) und Hard Skills (harte Fähigkeiten) umschreiben Fähigkeiten, die für den beruflichen Erfolg wichtig sind. Hard Skills beziehen sich auf die für den jeweiligen Beruf nötigen Qualifikationen, die in der Ausbildung erworben werden und objektiv messbar sind. Wie wir schon gehört haben, gibt es unter narzisstischen Mitarbeitern und Führungskräften Menschen, die wenig Ahnung von ihrer Tätigkeit und damit geringe Hard Skills besitzen, aber sich dennoch für den Job geeignet halten. Das sind die Blender, die aber irgendwann scheitern werden. Denn auf Dauer sind sie geschäftsschädigend und müssen abtreten. Um wirklich gut in seinem Job zu sein, muss man die entsprechende Ausbildung und das ausreichende Wissen haben.

Soft Skills beziehen sich auf Persönlichkeitsmerkmale wie Teamfähigkeit, Ehrgeiz, Einfühlungsvermögen, etc. und werden aus dem Verhalten der Person erschlossen. Zu den Soft Skills gehören emotionale Intelligenz, persönliche Kompetenz, soziale Kompetenz und methodische Kompetenz.

Die emotionale Intelligenz

Im Zusammenhang mit Narzissmus spielt vor allem die emotionale Intelligenz eine hervorragende Rolle.

»Ein kluger Kopf allein macht keinen erfolgreichen Manager«, behauptete Daniel Goleman Mitte der 90er-Jahre und präsentierte das Konzept der emotionalen Intelligenz, EI, als Gegenstück zum IQ, dem Intelligenzquotienten. Das entsprach so gar nicht der Auffassung des damaligen Personalwesens, und man hat den Eindruck, dass die emotionale Intelligenz auch heute viele noch nicht in ihr Repertoire aufgenommen haben. Besonders trifft das auf Menschen mit starken narzisstischen Ausprägungen zu. Kurz gesagt bedeutet EI, die eigenen Gefühle zu kennen, zu beeinflussen und in Handlung umzusetzen. EI bezieht sich aber nicht nur auf den Umgang mit eigenen Emotionen, sondern auch mit denen der anderen. Sie wird daher als Grundlage aller Soft Skills betrachtet. Wer emotional intelligent ist, kann wahrnehmen, was er selbst und andere fühlen, er kann seine Gefühle kontrollieren und kontrollierend auf die der anderen einwirken, er besitzt Einfühlungsvermögen und die Fähigkeit, mit anderen mitzufühlen, und er kann sich situationsangemessen verhalten und Beziehungen aufbauen. Das ist die beste Voraussetzung, um mit narzisstischen Menschen klug und gelassen umgehen zu können.

Sonja war ein sehr kluger Kopf, hatte aber wenig Erfahrung mit ihrem Bedürfnis nach Nähe und dem Umgang mit ihren Gefühlen. In der Firma brauchte sie Erfolge, die sie sich hart erarbeitete, zu Hause bei ihrem Partner aber hoffte sie, sich fallen lassen zu können und nicht wieder funktionieren zu müssen. Sie sehnte sich nach einer starken Schulter, an die sie sich lehnen konnte. Allerdings hatte sie sich einen Mann gesucht, der sehr narzisstisch war. Aufgrund seiner Persönlichkeitsstruktur rivalisierte er mit ihrem Beruf und warf ihr vor, weniger Zeit mit ihm zu verbringen als in der Firma. Somit war sie auch daheim wieder mit Erwartungen konfrontiert, die perfekte Partnerin zu sein, die Beziehung zu stützen und ihn glücklich zu machen. Es war ihr nicht möglich, ihre Bedürfnisse nach Nähe und Zuneigung auszudrücken, denn sie war unsicher und sie schämte sich dafür. »Was soll das, du als starke Frau bettelst um Liebe und Zuwendung. Hör bloß damit auf, du treibst ihn ja damit aus dem Haus.« So wertete sie ihre Bedürfnisse und Empfindungen ab, verleugnete sie und wartete ab, was er ihr gab. Auch wenn sie nicht das bekam, was sie im Moment brauchte, traute sie sich nicht, um mehr zu bitten. Sie hätte sich offenbart und dadurch sichtbar und schutzlos gemacht, was ihrem Selbstbild widersprach. Auch fürchtete sie, ihn zu verlieren, wenn sie so emotional wurde. Die Folge war, dass die Spannungen daheim im Lauf der Zeit immer mehr zunahmen und die Streitereien mit ihrem Partner heftiger wurden. Auch ihre Empfindsamkeit nahm zu, weil sie allmählich neben ihm verhungerte. Dahinter stand nur die Unfähigkeit von beiden, mit ihren Gefühlen und Bedürfnissen umzugehen und ihnen einen Platz in der Beziehung zu geben. Lieber riskierten sie den Bruch der Beziehung als sich ihrer Angst zu stellen.

In einschlägigen wirtschaftspsychologischen Veröffentlichungen, auf Messen, Kongressen und bei Diskussionsrunden wird vermehrt die Bedeutung und Wichtigkeit psychologischer Faktoren im Bereich Führung und Management betont. Unter den Stichworten »Psychologisches Know-how«, »Spiritualität und Medizin« oder »Ohne Psychologie geht es nicht« wird deutlich, dass ein gutes betriebliches Miteinander auf Akzeptanz, Mitarbeiterbindung und Empathie angewiesen ist.

»In 25 Jahren«, so Alexander Häfner,[64] »werden wir viel mehr Führungskräfte haben, die gesundheitsfördernder, wertschätzender führen und motivierende Arbeitsbedingungen schaffen, weil es ihnen wichtig ist und weil sie es vom Markt her müssen.«

Die persönliche Kompetenz

Ein weiterer Soft Skill, die persönliche Kompetenz, beinhaltet Selbstvertrauen und Selbstwert, Selbstbeobachtung und -kontrolle, Durchsetzungsvermögen, analytisches und logisches Denken sowie Arbeitsmotivation. Das Selbstvertrauen und den Selbstwert würde sich kein narzisstischer Mensch absprechen lassen, im Gegenteil, er stellt sich ja gerade als besonders selbstbewusst dar. Doch wie schon beschrieben, steht dieses überzogene Selbstbewusstsein oft auf tönernen Füßen und bricht schnell unter Kritik und Zurückweisung zusammen.

Defizite liegen im Zusammenhang mit narzisstischen Strukturen auch im Bereich der Selbstbeobachtung und Selbstkontrolle vor. Fühlen sich narzisstische Menschen in die Enge getrieben oder bedroht, dann neigen sie zu unkontrollierten emotionalen Ausbrüchen. Ihre Selbstkontrolle versagt ebenso wie ihre Selbstbeobachtung. Statt in Kontakt mit sich zu gehen, die eigenen Gefühle und Gedanken wahrzunehmen und über diese Form der Reflexion ihr Verhalten zu steuern, versuchen sie, die Situation durch Kontrolle der Außenwelt in den Griff zu bekommen. Und dabei setzen sie auch auf Charme und Verführung.

Herbert fühlte sich bedroht durch seine kompetente Mitarbeiterin, hätte das aber nie zugegeben. Vielleicht spürte er es auch nicht, sondern nahm nur ein Unbehagen wahr, einen großen inneren Druck und eine Ablehnung ihr gegenüber. Die Kollegin überblickte das Geschehen in der Firma besser, da sie schon länger dort tätig war. Sie war zugewandt den Kunden gegenüber, beliebt bei den Kollegen und machte ihre Arbeit sehr gut. Die Verkaufszahlen stimmten. Durch eine Umstrukturierung wurde Herbert ihr Vorgesetzter und kam nun noch mehr unter Druck. Er musste sich und ihr beweisen, dass er der Bessere von beiden war. Statt mit der Kollegin zusammenzuarbeiten und von ihren Kenntnissen zu profitieren, begann er, gegen sie zu agieren. Er rastete aus, wenn sie ihm widersprach, verwehrte ihr notwendige Dienstreisen mit dem Argument, sie seien überflüssig, und legte ihr überall Steine in den Weg. Er musste sie kleinhalten, um seine Position nicht zu gefährden. Doch wenn er ihre Hilfe brauchte oder Erfolge von ihr nicht mehr kleinreden konnte, wurde er sehr charmant und umgarnte sie. Für sie war es die ersehnte positive Zuwendung und Balsam für ihre verletzte Seele. Sie ließ sich dadurch verführen, immer wieder aufs Neue zu hoffen, dass nun alles besser würde, doch am nächsten Tag schon konnte erneut ein Donnerwetter über sie hereinbrechen. Statt dass Herbert sich seiner Überforderung und Bedrohung stellte und durch Selbstbeobachtung versuchte, seine Gefühle und Bedürfnisse wahrzunehmen und über diesen Weg eine gute Lösung zu finden, wich er auf Entwertung und Kontrolle aus. In der Folge litten beide und es war nur eine Frage der Zeit, wann einer von beiden gehen musste.

Im Gegensatz zu den emotionalen Defiziten ist das Durchsetzungsvermögen narzisstischer Menschen in der Regel sehr gut ausgeprägt. Sie vermeiden es, ihre Schwächen zu zeigen und vertreten ihre Meinung auch gegen Widerstände. Sie geben die Richtung an und zeigen Führungsstärke. Auch mit ihrem analytischen und logischen Denken können sie punkten. Sie sind geistig wach und beweglich, erkennen Zusammenhänge und können aus Fakten und Daten die richtigen Schlüsse ziehen. Das ist auch nötig, um schnell und effizient auf notwendige Veränderungen zu reagieren und Neues einzuführen. Auch ihre Arbeitsmotivation ist in der Regel sehr hoch, denn sie besitzen einen inneren Antrieb, der sie nicht ruhen lässt.

Die soziale Kompetenz

Die soziale Kompetenz, die sich auf den Umgang mit anderen Menschen bezieht, ist bei narzisstischen Strukturen wenig ausgeprägt. Vor allem die Kommunikations-, Dialog- und Teamfähigkeit, sowie Konflikt- und Kritikfähigkeit, Wertschätzung und Empathie. Ihre Kommunikationsmuster sind weniger getragen von Wertschätzung und Einfühlung, sondern haben mehr den Charakter von Anweisungen oder Überreden. Ohne soziale Kompetenz kann ein Gespräch schnell in Streit und Besserwisserei ausarten, wie es bei narzisstischen Menschen häufig passiert. Ist der andere nicht gleicher Meinung, können sie nicht einfach zuhören, sondern müssen sofort für ihren Standpunkt kämpfen, als würde die andere Meinung ein Angriff auf ihre Person und ihr Wissen sein. Auf jeden Fall ist es ihnen wichtig, die Kontrolle und Steuerung zu behalten.

Zur Kommunikationsfähigkeit gehört es auch, die Botschaften der anderen richtig zu entschlüsseln. Dazu muss man nicht nur gut zuhören, sondern auch die nonverbalen Signale wie Gestik, Mimik und Körperhaltung wahrnehmen und notfalls nachfragen, wie es der andere gemeint hat. Wie schnell können Missverständnisse zu dauerhaften Kränkungskonflikten führen, wenn man meint, der andere will einem Böses.

Dialogbereitschaft bedeutet, sich aufeinander zu beziehen, sich zuzuhören, die Argumentation des anderen nicht gleich vom Tisch zu wischen und kompromissbereit zu sein. Hier haben narzisstische Besserwisserei und Dominanz nichts zu suchen.

Teamfähigkeit zeigt sich daran, dass sich die Gruppe als Gemeinschaft fühlt, die zusammen ein Ziel erreichen will. So einen intakten Gruppengeist sahen wir bei der Fußball-WM 2014 in der deutschen Nationalmannschaft. Sie wurden Sieger, weil sie diesen Zusammenhalt hatten und daraus Motivation und Kraft schöpften. Nach dem Motto: Einer für alle, alle für einen. Dazu bedarf es eines Teamleiters, der die Fähigkeit besitzt, Menschen zu verbinden und zusammenzuführen. In der Fähigkeit, ihren Beitrag zum Ganzen zu leisten und ein Teil der Gruppe zu sein, scheitern narzisstische Menschen, weil sie sich in einem Konkurrenz- und Neidgerangel verstricken und so die Gemeinschaft geschwächt wird. Narzisstischen Chefs fehlt die Fähigkeit, eine Gruppenkohäsion herzustellen. Im Gegenteil, sie spalten häufig Organisationen oder Teams in zwei Lager, die sich bekämpfen. Das schadet sowohl dem Unternehmen als auch den Mitarbeitern, da die Arbeitsmotivation sinkt und viel Kraft vergeudet wird. Doch auch für die Führungsperson ist es negativ, weil sie kein wirklich funktionierendes Team zur Verfügung hat, und der Arbeits-Output dementsprechend negativ ist.

Zur Teamfähigkeit gehört auch Konflikt- und Kritikfähigkeit, beides nicht die Stärke narzisstischer Menschen. Weder können sie gut mit Kritik bei sich selbst umgehen, wie wir schon gesehen haben, noch sind sie gut darin, andere so auf Fehler hinzuweisen, dass diese davon profitieren können. Denn konstruktive Kritik ist eine wertvolle Rückmeldung, die dem anderen zeigt, wo er etwas verbessern kann und was er lassen sollte. Doch muss sie mit Wertschätzung und Sachlichkeit vorgetragen werden, sonst kommt es leicht zu einer Kränkung.

Wertschätzung und Empathie sind zwei Schlüsselbegriffe, die im narzisstischen System kleingeschrieben werden. Wer selbst wenig Wertschätzung erlebte, sondern nur Überhöhung oder Entwertung, hat nur eine geringe Ahnung, wie wertschätzendes Verhalten aussieht. Wertschätzung bedeutet nicht, alles gutzuheißen, was der andere tut, sondern die Fähigkeit, mit Wohlwollen auf den anderen zu schauen und ihn nicht aufgrund seiner Fehler abzuwerten. Allerdings sollte er auch nicht wegen seiner

Erfolge auf einen Sockel gestellt werden. Empathie ist das einfühlende Verstehen der Emotionen des anderen, woran wir unser Verhalten ausrichten können. Nur wenn ich fühlen kann, dass der andere beispielsweise durch meine Kritik verletzt ist, bin ich in der Lage, ihn daraufhin anzusprechen und mein Bedauern auszudrücken. Aus narzisstischer Sicht würde man die emotionale Regung übergehen und der andere wäre doppelt verletzt, zum einen durch die Kritik, zum anderen, weil er nicht in seiner Verletztheit gesehen wird. Interessanterweise haben Forscher der Charité-Universitätsmedizin Berlin ein strukturelles Korrelat des Empathiemangels gefunden.

»Unsere Daten zeigen, dass das Maß an Empathie direkt mit dem Volumen der grauen Hirnsubstanz ... in der Inselregion korreliert und genau hier die Patienten mit Narzissmus ein Defizit aufweisen.«[65] Das bedeutet nun nicht automatisch, dass Narzissmus angeboren ist, denn die Ausprägung der neuronalen Hirnstrukturen entwickelt sich im Lauf der Zeit und wird durch Erfahrungen beeinflusst und verändert. Eine wesentliche Rolle spielen dabei Beziehungs- und Bindungserfahrungen, die sich förderlich oder hinderlich auswirken.

Die methodische Kompetenz

Bei der methodischen Kompetenz, dem letzten Soft Skill, geht es um den Umgang und das Planen des Arbeitsprozesses. Dazu gehören Organisationsfähigkeit, das Strukturieren von Abläufen und das Erkennen von Wichtigkeiten. »Das Wichtigste zuerst« ist eine erfolgsreiche Technik, um sich nicht zu verzetteln und ineffektiv zu agieren. Auch der Umgang mit den neuen Medien, Methoden und Techniken gehört hierher. Was narzisstische Menschen auszeichnet, ist die Fähigkeit, nicht am Alten zu kleben, sondern Neues zu verfolgen, Visionen umzusetzen und Risiken einzugehen. Sie sind in der Regel mobil, beweglich und flexibel. Aber häufig auch diszipliniert und motiviert.

III

VOM KLUGEN UMGANG MIT NARZISSTISCHEN MENSCHEN

Was passiert, wenn wir narzisstisch strukturierten Menschen begegnen?

Bei Vorträgen und in Seminaren wird mir immer wieder dieselbe Frage gestellt: »Wie soll ich umgehen mit meinem narzisstischen Vorgesetzten oder meinen narzisstischen Kollegen?« Die Betroffenen sind hilflos und verzweifelt im täglichen Umgang mit ihren narzisstischen Chefs/Kollegen und sehen keinen Ausweg mehr. Hilfe tut not, denn die Qualen können mitunter unerträglich werden und im schlimmsten Fall krank machen.

In einem Seminar formulierten die Teilnehmerinnen ihre Reaktion auf narzisstische Chefs und Kollegen wie folgt:

- Ich traue mich nicht, meine Meinung zu sagen.
- Meine Chefin ist so dominant, ich werde bei ihr zum kleinen Mäuschen.
- Ich passe mich immer den Vorstellungen meiner Kollegen an und weiß gar nicht mehr, wer ich selber bin und was ich denke.
- Ich lasse mir die Arbeit aus den Händen nehmen, denn mein Mitarbeiter kann es sowieso besser.
- Wenn mein Chef abwesend ist, bin ich bei mir, aber kommt er in mein Büro, achte ich nur darauf, dass alles für ihn passt.
- Ich habe Angst, mit meiner Kollegin in Kontakt zu treten, weil ich nicht weiß, was dann wieder passiert.

Das sind Beispiele für minderwertig-angepasste Reaktionen auf ein narzisstisches Gegenüber, das dominant, teilweise herrisch, abweisend, kalt und unempathisch erlebt wird. Durch die Orientierung am anderen und dessen vermeintlichen Vorstellungen versuchen die Betroffenen, nicht negativ aufzufallen und Ablehnung zu vermeiden. Doch die Rechnung geht nicht auf, denn sie sind gefangen im fremden Selbst des narzisstischen Gegenübers.

Unsere Reaktion auf narzisstische Menschen hängt stark von unserer Persönlichkeit ab. Je nachdem, wie selbstwertstark wir sind, werden wir mehr oder weniger Schwierigkeiten im Kontakt mit ihnen haben.

Charakteristika narzisstischer Beziehungen

Das Auffällige an narzisstischen Beziehungen ist die Unmöglichkeit, »einfach« so sein zu können, wie man ist, und stattdessen in einer bestimmten Weise sein zu müssen. Man orientiert sich mehr an den Vorstellungen des anderen als an sich selbst. Auch hat man in narzisstischen Beziehungen häufig »irgendwie« das Gefühl, falsch zu sein oder etwas falsch zu machen. Umso mehr versucht man sich anzupassen.

Der Paartherapeut Jürg Willi hat die spezielle Beziehungsthematik unter der Bezeichnung »narzisstische Kollusion« bereits Mitte der 70er-Jahre für Paare in Zweierbeziehungen beschrieben. Ich möchte diesen Begriff auch für die Arbeitsbeziehung verwenden. Unter Kollusion versteht Willi das gemeinsame Konfliktthema eines Paares. Übertragen auf die Arbeitssituation geht es um das Konfliktthema zwischen uns und dem narzisstischen Chef/Chefin, dem Kollegen/der Kollegin oder dem Mitarbeiter/der Mitarbeiterin. Wird es nicht gelöst, dann sind beide Seiten davon absorbiert und agieren entsprechend konflikthaft. So kann beispielsweise vor lauter Kampf, Unterordnung, Entwertung und Kränkung die Arbeit leiden. Das Denken und Verhalten der Akteure ist dann im Wesentlichen auf den emotionalen Konflikt gerichtet und weniger auf den Arbeitsinhalt. Für viele ist es sogar schwer, sich weiterhin auf ihre Tätigkeit zu konzentrieren, weil ihre Seele so verwundet ist und sie ihre ganze Energie einsetzen müssen, um sich zu schützen und die Konfliktsituation aushalten zu können.

Das narzisstische Konfliktthema kreist um die Fragen:

- Wer muss sich für wen aufgeben und wie viel Individualität und Autonomie kann gelebt werden?
- Dürfen wir uns abgrenzen oder müssen wir immer einer Meinung sein?
- Inwieweit muss ich den anderen in seinem Selbstgefühl aufwerten oder inwieweit kann ich mir beim anderen ein besseres Selbst entlehnen?[66]

Daraus ergeben sich drei wesentliche Merkmale narzisstischer Beziehungen:

- Sie sind nicht gleichwertig angelegt, sondern immer charakterisiert durch ein Oben und Unten, einen Herrscher und einen Beherrschten, ein Überlegensein und ein Unterlegensein. Die Frage ist, wer oben und wer unten steht. In hierarchischen Strukturen ist die Antwort von außen vorgegeben, wie ich es am Beispiel der Ärzteschaft beschrieben habe. Aber auch in flacheren Hierarchien wird der grandios narzisstische Partner die Überlegenheit suchen und den anderen möglichst kleinhalten und von ihm Selbstaufgabe fordern. Für Autonomie, Selbstbestimmung und Individualität ist dann kein Raum.
- Sie neigen zu Konfluenz (Eins-sein). Damit ist das Zusammenfließen zweier Personen gemeint, die dadurch nicht mehr zu unterscheiden sind. Sie werden quasi eins. Konfluenz zeigt sich in der Vorstellung, immer einer Meinung sein zu müssen, nicht zu kritisieren und sich nicht abweichend von der Erwartung des narzisstischen Menschen zu verhalten. Anderssein, Distanz und Abgrenzung geben Anlass zu Konflikten und Kränkungen.
- Es besteht der Wunsch, durch den anderen in seinem eigenen Selbstwert erhöht zu werden, was zu ausbeuterischen Bezie-

hungsmustern führt. Denn dann geht es nicht um die Person, sondern nur um ihre Funktion, das eigene Selbstbild positiv zu stärken. Insofern interessiert dann auch nicht das Fühlen, Denken und Wollen des anderen, sondern nur, ob er die Aufgabe erfüllt, den eigenen Selbstwert zu stärken.

Typologie von Reaktionsmustern

Es gibt eine Reihe von Reaktionsmustern auf narzisstische Menschen. Sie unterscheiden sich dadurch, ob sie:

- sich narzisstischen Chefs/Kollegen unterordnen oder unabhängig und autonom bleiben
- mit ihnen konfluent werden oder sich distanzieren und abgrenzen
- dem narzisstischen Menschen das Selbstwertgefühl stärken oder darauf angewiesen sind, es selbst gestärkt zu bekommen

Die Reaktion auf narzisstische Menschen ist so vielfältig, wie es Menschen sind. Wie wir uns in narzisstischen Beziehungen fühlen, ob wir uns unterordnen und konfluent werden oder nicht, hängt davon ab, wie selbstsicher wir sind.

Die Selbstbewussten

Am einfachsten haben es die, die wenig empfänglich sind für narzisstische Manöver. In der Regel sind das Menschen mit einem stabilen Selbstwertgefühl und einem positiven Narzissmus. Sie sind nicht so sehr auf die Bestätigung von außen angewiesen, denn sie haben einen guten Kontakt zu sich selbst und wissen daher auch um ihre Stärken und Schwächen. Durch die Wahrnehmung ihrer Wünsche, Ziele und Bedürfnisse, können sie autonom entscheiden, was ihnen wichtig ist und was sie erreichen wollen. Damit machen sie sich relativ unabhängig von der

Beachtung und Anerkennung durch die narzisstischen Kollegen und Chefs. Der Maßstab ihres Handelns ist nicht die Zustimmung von außen, sondern die eigene Zufriedenheit. Die stellt sich ein, wenn sie ihre Ziele erreichen und ihre Grundbedürfnisse erfüllt sind.

Ein selbstbewusster Mensch wird sich seine Autonomie nicht so schnell nehmen lassen, er wird seine Meinung vertreten, sich abgrenzen und seine Ziele und Wünsche nicht verleugnen. Er hört mehr auf sich selbst, als sich darüber Gedanken zu machen, was der andere von ihm denkt und wie er ihn findet. Das schützt ihn vor dem narzisstischen expanded self und macht ihn frei, sich zu verhalten, wie es ihm passt. Er gibt seine Identität nicht für den narzisstischen Chef/Kollegen auf und wird den Kontakt beenden, sobald das Unwohlsein überhandnimmt. Da wir zur Erfüllung unserer Bedürfnisse auf andere Menschen angewiesen sind, wird jeder, der für sein Wohlbefinden sorgt, ein anderes Gegenüber als ein narzisstisches wählen.

Bezogen auf die narzisstischen Beziehungsthemen reagieren Selbstbewusste folgendermaßen:

- Individualität und Autonomie überwiegen den Pol von Selbstaufgabe und Unterordnung. Trotzdem sind sie anpassungsfähig, ohne sich dabei aufzugeben.
- Sie gehen kaum konfluente, verschmelzende Beziehungen ein, sondern grenzen sich ab und vertreten auch unangepasste Meinungen. Unterschiedliche Standpunkte erleben sie mehr als kreative Herausforderung denn als Bedrohung. Sie übernehmen die Verantwortung für ihr Handeln und ihr Wohlergehen.
- Ihr Bedürfnis nach Selbstwerterhöhung befriedigen sie nicht durch Bewunderung, sondern durch positives Feedback sowie den Stolz über Erfolge. Applaus bereitet ihnen Freude, aber sie brauchen ihn nicht ständig und sind nicht existenziell

darauf angewiesen. Auch sind sie in Beziehungen nicht ausbeuterisch, sondern leben ein Geben und Nehmen. Da sie im Kontakt ihre Bindungsbedürfnisse erfüllen können, schöpfen sie aus Beziehungen Kraft und Selbstwertstärkung. Sie lassen sich vom narzisstischen Chef/Kollegen nicht für deren Selbstwertstärkung ausnutzen, sondern sprechen ihre Anerkennung nur dann aus, wenn Verhalten und Leistung dies rechtfertigen.

Die Bewunderer

Bewunderer kann man in zwei Gruppen einteilen:

- Die, die selbst grandios narzisstisch sind und durch die Bewunderung des anderen narzisstischen Menschen noch bedeutender werden.
- Die, die sich minderwertig fühlen und den anderen bewundern, weil sie selbst auch gerne so wären.

Gemeinsam ist ihnen, dass sie sich durch die Aufwertung des anderen selbst aufwerten. Sie übertragen ihre eigenen Ideale auf ihn und sonnen sich in seinem Glanz. Die einen tun das, indem sie lautstark ihre Freundschaft und Zuneigung anbieten und sich groß und prächtig darstellen. Die anderen bewundern eher leise. Sie schauen zu ihm auf, sind freiwillig in der untergeordneten Position und genießen es, ihn auf dem Podest anzuhimmeln. Sie reden dem narzisstischen Chef oder Kollegen nach dem Munde und heißen alles gut, was diese tun. Deren Fehler werden ausgeblendet und verleugnet oder anderen in die Schuhe geschoben. Sie schützen sie vor Angriffen, sind unreflektiert idealisierend und treu ergeben. Das ist genau das, was der grandios narzisstische Mensch sich wünscht. Er sucht ja die Claqueure und genießt das Bad in der applaudierenden Menge. Doch was die Bewunderer nicht ahnen, ist, dass nicht sie als Person für ihn wichtig sind, sondern nur ihre Bewunderung. Von wem sie kommt, ist egal, Hauptsache, sie kommt. Das kann zur Folge haben, dass sie auf einmal gar keine Rolle mehr spielen, weil sie entweder langweilig geworden sind oder lästig oder andere ihren »Job« übernommen haben. Das erleben die Bewunderer als Verrat, den sie mit Hass und Wut beantworten. Ihre Bewunderung und Idealisierung für den narzisstischen Chef/Kollegen bricht zusammen und schlägt nicht selten ins Gegenteil um. Dasselbe passiert, wenn sich der bewunderte Chef oder Kollege als Versager oder Blender herausstellt, sie also den Falschen bewundert haben.

Gerade in den Situationen, in denen die bewundernde Person ihren Irrtum erkennt, hätte sie die Chance, ihre Position zu überdenken und Autonomie und Identität zu entwickeln. Bleibt sie aber in der Verachtung und Wut, bringt sie das nicht weiter, denn sie wechselt nur von der Idealisierung zur Entwertung. Würde sie jedoch die Einsicht zulassen, dass sie auf Dauer mit Bewunderung nicht wirklich weiterkommt, wäre sie gezwungen, aus dieser Rolle auszusteigen und sich auf ihre eigenen Stärken und Kompetenzen zu besinnen, die sie mit der Bewunderung auf den narzisstischen Chef/Kollegen projiziert und nicht bei sich sieht.

Helga arbeitete im Marketing und war eine sehr strebsame und erfolgreiche Mitarbeiterin. Ihr neuer Kollege faszinierte sie vom ersten Tag an. Er war genau der Typ, auf den sie flog, charmant, großzügig, klug, hatte Stil und Selbstbewusstsein. Er eroberte nicht nur sie im Flug, sondern auch ihre Kollegin. Zusammen schwärmten sie für ihn und konkurrierten darum, wer mit ihm das nächste Projekt machen durfte. Horst, so hieß dieser bewunderte Kollege, genoss diese Zuwendung in vollen Zügen und wurde immer anspruchsvoller. Er delegierte all die Dinge, die ihm keinen Spaß machten, an die beiden Mitarbeiterinnen. Doch nicht nur das, er lebte auch von ihrer Kompetenz und ließ sie die wesentliche Arbeit für ihn machen. Das ging eine ganze Weile gut, bis der Schwindel schließlich aufflog. Er hatte mit der Leistung der Frauen brilliert und sie als seine eigene ausgegeben. Erst jetzt merkten die zwei Kolleginnen, wie sie sich hatten ausnutzen und blenden lassen. Und wie sehr sie auf die Anerkennung und das Lächeln des Kollegen angewiesen gewesen waren, um sich zu bestätigen. Sie schämten sich und fühlten sich lächerlich gemacht. Es war eine nachhaltige Lehre, die sie daraus zogen, weil sie dasselbe Muster aus ihren Zweierbeziehungen kannten. Zeit also, diese Strategie zu hinterfragen und zu beenden. Denn zufrieden wurden sie auf diese Weise nicht, sondern machten sich abhängig, klein und inkompetent.

Bezogen auf die narzisstischen Beziehungsthemen reagieren Bewunderer folgendermaßen:

› Bewunderer neigen dazu, sich durch den Bewunderten eine fremde Identität auszuleihen, da sie selbst keine ausgeprägte besitzen. Ihre Autonomie ist entsprechend gering, die Selbstaufgabe und Unterordnung jedoch hoch.
› Das Beziehungsmuster der Bewunderer ist eher konfluent, denn es ist von Idealisierung geprägt. Sie kritisieren fast nie, höchstens hinten herum bei Dritten, aber nie direkt. Ihnen geht es so lange gut, wie die Bewunderung ihnen Vorteile bringt.
› Durch ihre Bewunderung stärken sie das Selbstwertgefühl ihres Chefs/Kollegen, aber auch ihr eigenes. Sie fühlen sich wertvoll, mit einem solchen tollen Chef/Kollegen zusammenarbeiten können. Ausbeuterisch sind sie insofern, als sie durch ihre Bewunderung Lob, Anerkennung und Beachtung haben wollen. Bleibt das aus, endet die Bewunderung meist.

Für narzisstische Menschen sind Bewunderer ideale Partner, weil sie ihnen das geben, was sie zum Leben brauchen: die permanente Aufwertung.

Die Ängstlichen

Narzisstische Chefs und Kollegen können Angst machen. Besonders jenen, die an ihrem eigenen Wert zweifeln und sich schnell durch großspuriges Verhalten beeindrucken lassen. Häufig sind es sehr unsichere Menschen, die unter Selbstzweifeln leiden und auf positive Reaktionen von außen angewiesen sind. Sie stellen zuallererst sich selbst infrage und suchen die Schuld bei sich. Das ist das gefundene Fressen für die narzisstischen Mitarbeiter, weil sie dadurch die Ängstlichen fest in ihrer Hand haben. Sie spielen ihre Macht über sie aus und haben sie unter Kontrolle. Das nimmt ihnen die eigene Angst und Unsicherheit, die sie auf die Ängstlichen projizieren. Die haben dann Angst für zwei, ihre eigene und die des narzisstischen Mitarbeiters.

»Ich nehme immer alles gleich persönlich. Wenn mein Chef schlechte Laune hat oder mich unfreundlich anschaut, denke ich sofort, ich habe was falsch gemacht. Geht etwas schief, dann fühle ich mich schuldig und verantwortlich, alles wieder in Ordnung zu bringen. Ich bin sehr schnell gekränkt, wenn jemand nicht so reagiert, wie ich es erwarte. Dann denke ich, es liegt an mir, weil ich nicht richtig bin.«

Wer auf diese Weise reagiert, wird es mit einem narzisstischen Chef oder Kollegen sehr schwer haben, da diese dazu neigen, die Schuld auf die anderen zu schieben, weil sie sich selbst keine Fehler eingestehen können. Sie entlasten sich, indem der andere alle Schuld auf sich nimmt.

Die Ängstlichen neigen dazu, nicht nur Schuld auf sich zu laden, sondern auch alles persönlich zu nehmen. Sie interpretieren das Verhalten anderer Menschen als gegen sich gerichtet und fühlen sich dadurch als Person schnell entwertet, missachtet oder zurückgestellt. Ihre Angst kann sogar paranoide Züge annehmen, indem sie überall Abwertung vermuten und in jeder Bemerkung oder Mimik Zurückweisung und Verachtung sehen.

Sebastian hielt nicht oft Vorträge, daher war er jedes Mal sehr aufgeregt. Aus seiner Angst heraus, nicht gut genug zu sein und Fehler zu machen, registrierte er jede Regung im Publikum sehr aufmerksam. Als er eine Zuhörerin gähnen sah, nahm er es gleich als Zeichen, dass seine Rede langweilig sei und sie kein Interesse habe, zuzuhören. Das verunsicherte ihn, und er fühlte sich abgewertet. Er versuchte, sich in die Zuhörer hineinzuversetzen, um zu erspüren, was er tun müsse, um ihnen zu gefallen. Doch diese Gedanken lenkten ihn so ab, dass er ins Stocken geriet, den Faden verlor und sich am Ende wie ein Versager fühlte. Noch schlimmer wurde es für ihn, als am nächsten Tag sein narzisstischer Kollege mit stolzgeschwellter Brust aus einer Sitzung kam, in der er einen erfolgreichen Auftritt gehabt hatte. Er prahlte damit und fragte dann mit zynischem Unterton: »Na, und wie war's bei dir gestern? Ach ja, du hattest einen Vortrag, oder?« Um sich nicht noch mieser zu fühlen, nickte Sebastian bloß, murmelte »okay« und »toll für dich« und ging. Er konnte die Überheblichkeit und bissigen Kommentare seines Kollegen nicht ertragen, sie ließen ihn nur noch schlechter dastehen.

Sebastians Angst speiste sich unter anderem daraus, dass er alles in negativer Weise auf sich bezog und sich dafür abwertete und bestrafte. Er beschimpfte sich selbst als Idioten und kommentierte sich genauso bissig und ironisch, wie er es von seinem Kollegen gewohnt war. Um sich von seiner Angst zu befreien und unabhängiger von den Wertungen der anderen zu werden, müsste Sebastian seine Wahrnehmung verändern. Wenn er beispielsweise registrieren würde, wie viele Menschen nicht gähnen oder sogar aufmerksam zuhören, würde er ruhiger und sicherer. Zudem könnte er das Gähnen einer einzelnen Person als Zeichen ihrer Müdigkeit interpretieren und müsste es nicht zwangsläufig auf seinen Vortrag beziehen. Aber auch wenn sie sich wirklich langweilte, müssten es die anderen nicht automatisch ebenso tun. Seine Angst zu überwinden, hieße für Sebastian, nur das

Positive persönlich zu nehmen. Das würde sein Selbstwertgefühl und seine Sicherheit stärken.

Bezogen auf die narzisstischen Beziehungsthemen reagieren die Ängstlichen folgendermaßen:

- Ängstliche neigen zu Unterwerfung und Selbstaufgabe. Indem sie sich an die vermeintlichen Erwartungen der andern anpassen, spüren sie nicht mehr ihre Kompetenzen und Eigenheiten. Ihre Individualität und Autonomie sind in Gefahr.
- Ängstliche neigen dazu, sich durch Konfluenz Sicherheit zu verschaffen. In ihrem Fall heißt das, nicht abzuweichen vom Richtigen, denn Fehler führen zu Distanz und Ablehnung. Sie suchen Harmonie und Gleichklang, lassen sich aber auch leicht vom narzisstischen Gegenüber als unfähig und minderwertig definieren.
- Ihren Selbstwert stärken sie hauptsächlich durch Anpassung und richtiges Verhalten, verbunden mit der Hoffnung, dadurch gemocht zu werden. Die narzisstischen Mitarbeiter fühlen sich durch die Ängstlichen sicher und in ihrer Position nicht bedroht.

Die Kämpfer

Im Gegensatz zu den Ängstlichen reiben sich die Kämpfer in teilweise lautstarken Auseinandersetzungen mit dem narzisstischen Chef/Kollegen. Von außen sieht es so aus, als wenn so ein Disput kein gutes Ende nehmen würde und einer von beiden das Feld räumen müsste. Kämpfer sind oft ebensolche grandios narzisstischen Personen wie ihr Gegenüber. Es ist dann ein Kampf zwischen Alphatieren um die Vormachtstellung und die Frage, wer sich wem unterwirft. Dazu ist aber keiner bereit, sodass der nächste Streit vorprogrammiert ist. Haben sie ansonsten eine gute Beziehung zueinander und wissen sie, dass sie sich aufeinander verlassen können, dann haben die Kämpfe keine so starke negative Wirkung. Ist die Beziehung aber geprägt von Wut, Misstrauen oder Neid und Konkurrenz, dann sind die Auseinandersetzungen auf Dauer zerstörerisch. Sie entladen sich in Kränkungs- oder Konkurrenzkämpfen um die Vormachtstellung und die Leitung.

Isabella und Rüdiger, beide Psychotherapeuten, leiteten ein Ausbildungsinstitut. Sie waren beide kreativ und engagiert, aber auch sehr dominant und narzisstisch. Jeder wollte der/die Wichtigste sein und die eigenen Vorstellungen durchsetzen. Dadurch kam es unweigerlich zu Streits und heftigen Auseinandersetzungen. Doch sie nahmen sich die gegenseitigen Vorwürfe nicht lange übel, sondern genossen dieses Kräftemessen sogar und brauchten es zur Demonstration ihrer Macht und zur Positionierung. Zum Problem wurde ihr Verhalten allerdings in den Teamsitzungen, an denen auch die anderen Ausbilder teilnahmen. Diese hatten alle Hände voll zu tun, um Isabella und Rüdiger zu beruhigen und an einen Tisch zu bringen, wenn sie sich wieder einmal nicht über die Vorgehensweisen und Inhalte einigen konnten. Dann schrien sie sich an oder schlugen wutentbrannt die Türen und verschwanden. Nach einer Weile trat wieder Ruhe ein, doch es blieb ein Bruch im Team, der mit jedem aggressiven Ausbruch tiefer wurde und am Ende zum Auseinanderbrechen führte. Denn sobald wieder Harmonie zwischen Isabella und Rüdiger herrschte, richtete sich ihr Unmut gegen die Ausbilder, die gerade noch als Helfer fungiert hatten. Wie so oft im Dramadreieck wurden die Helfer am Ende zu Opfern, nachdem sich die Streithähne wieder versöhnt hatten. Sie wurden kritisiert oder nicht ernst genommen und fühlten sich sehr unwohl. Anpassung schien die beste Strategie, um sich im Team gegen Angriffe zu schützen. Ein unerträgliches Wechselbad der Gefühle und das nicht nachvollziehbare Verhalten der Leitung führten dazu, dass die Hälfte der Ausbilder kündigte. Das wäre eine Gelegenheit für Isabella und Rüdiger gewesen, ihr Kampfverhalten zu hinterfragen, doch sahen sie keinen Zusammenhang zwischen den Kündigungen und ihrem Verhalten. Sie machten den Konflikt, der sich in den Kündigungen zeigte, nicht zum Thema, sondern erklärten sich den Weggang der Ausbilder mit persönlichen Motiven. Und so ging das narzisstische Kampfspiel immer weiter.

Eine gute Lösung für Alphatiere, die Kämpfe zwischen ihnen zu beenden, bestünde darin, sich über die gegensätzlichen Vorstellungen und Ansichten auszutauschen und sie zu respektieren. Doch dazu müssten sie es aufgeben, immer recht haben zu wollen und die Vormachtstellung zu beanspruchen.

Bezogen auf die narzisstischen Beziehungsthemen reagieren Kämpfer folgendermaßen:

- Kämpfer streiten für ihre Autonomie und Vorherrschaft. Sie geben nicht klein bei und ordnen sich auch nicht unter, versuchen aber ihr Gegenüber zur Selbstaufgabe zu zwingen.
- Sie gehen in totale Distanz zu ihrem Gegenüber und vermeiden jegliche Konfluenz. Unabhängigkeit und Rechthaben ist ihr Ziel. Auch sind sie wenig gefährdet, sich vom anderen definieren zu lassen, versuchen aber ihrerseits ein expanded self herzustellen, um den anderen zu beherrschen.
- Ihren Selbstwert stärken sie hauptsächlich durch Macht und Überlegenheit. Da sie wenig Angst vor Auseinandersetzungen haben, stärkt es sie, als Sieger aus einem Streit hervorzugehen. Zur Selbstwertstärkung des anderen fühlen sie sich nicht aufgerufen.

Die Verweigerer und Trotzigen

Trotz ist ein unglaublich starkes Gefühl, das jedes Gegenüber schachmatt setzt. Wer sich verweigert und in seinem Trotz verharrt, der ist mit nichts zu bewegen. Im Grunde sind die Trotzigen genauso aggressiv wie die Kämpfer, aber auf eine passive Weise. Sie sind nicht laut, schreien nicht und fahren nicht aus der Haut, sondern sind stur, verstummen und gehen aus dem

Kontakt oder tun so, als wäre nichts geschehen und alles in bester Ordnung. Innerlich aber fühlen sich Verweigerer und Trotzige als die armen und ungerecht behandelten Opfer. Sie sind sehr nörglerisch und anklagend, denn schuld sind immer die anderen, die Organisation, der Chef, die Kollegen. Sie strafen den narzisstischen Chef/Kollegen durch Arbeitsverweigerung, Dienst nach Vorschrift oder willentliches Verschleppen der Arbeit. Das ist eine Möglichkeit, mit Anforderungen in Ruhe gelassen zu werden und sich so vor »Zumutungen und Übergriffen« zu schützen.[67]

Meist sind es passiv-aggressive Personen, die mit solchen Methoden die Zusammenarbeit erschweren oder unmöglich machen, denen man aber eigentlich nichts ankreiden kann. Denn sie tun so, als seien sie offen und kooperativ, verweigern sich jedoch verdeckt und zwar so, dass man sie für ihre Sabotage nicht verantwortlich machen kann. Sie sind hoch manipulativ und fordern andere auf, Verantwortung für sie zu übernehmen und sich um sie zu kümmern. Denn sie leiden unter starken Selbstzweifeln und der Unsicherheit, sich nicht selber schützen zu können.

Ihr Trotz und ihre Verweigerung sind Schutzmechanismen, um nicht ganz im expanded self des anderen zu versinken. Trotzige sind Menschen, die in einer übergriffigen Umgebung aufwuchsen, in der die Eltern eine hohe Kontrolle ausgeübt und Grenzen nicht gewahrt haben. Sie haben unerlaubterweise das Tagebuch des Kindes gelesen oder dessen Zimmer inspiziert. Da das Kind sich in seinem Wunsch, selbst zu entscheiden und seine Grenzen zu schützen, nicht verständlich machen konnte, hat es sich verweigert. Dann fiel am Esstisch eben »aus Versehen« das Glas mit Orangensaft um, als verzweifelter Versuch, seinem Ärger Luft zu machen und seinen Unmut kundzutun.

Im Kontakt mit narzisstischen Chefs und Kollegen befürchten Trotzige dieselbe Übergriffigkeit und werden sauer, wenn ihnen

Arbeit aufgetragen wird, ohne dass man sie vorher fragt und es mit ihnen besprochen hat. Eine dafür notwendige Einfühlung besitzen narzisstische Chefs und Kollegen jedoch nicht, weshalb es immer wieder zu Konflikten kommt. Da Verweigerer Autoritäten verachten, haben es die Vorgesetzten schwer, besonders wenn sie narzisstisch selbstbezogen und wenig empathisch sind.

Renate arbeitete im Büro eines Versandhandels, der von einer Chefin geleitet wurde. Sie war eine ehrgeizige Frau, die sich sehr bemühte, den Laden gut unter Kontrolle zu halten. Wenn sie unter Druck stand, wurde sie häufig etwas forsch und schroff. Da Renate eine lang gediente Kraft war, machte die Chefin sie zu ihrer persönlichen Sekretärin, eine Auszeichnung, die Renate freute und ihre Leistung bestätigte. Womit die Vorgesetzte schwer klarkam, waren die Kritikunfähigkeit und geringe Flexibilität von Renate. Sobald sie Anweisungen gab oder Korrekturen anmahnte, machte Renate zu, wurde wortkarg und zog sich zurück, denn sie fühlte sich dadurch wie bei ihrer Mutter, die ihr die Schulhefte um die Ohren schlug, wenn sie darin Fehler entdeckte. Die geringe Empathie der Chefin führte dazu, dass Renate sich ausgenutzt und nicht wertgeschätzt fühlte. »Immer dasselbe, man tut, was man kann, arbeitet sich auf und keiner sieht's!«, jammerte sie.

Fragte die Chefin sie, ob irgendwas nicht stimmte, verneinte sie und tat so, als wenn alles in Ordnung wäre. Doch man merkte ihr an, dass sie innerlich unter Dampf stand. Das gab sie jedoch niemals zu, sondern lächelte säuerlich. Es war keine offene Kommunikation darüber möglich. Sie fühlte sich total unverstanden und nicht gesehen und gab der Chefin dafür die Schuld.

Für die Trotzigen wäre es hilfreich, ihre Opferhaltung zu überdenken und zu verstehen, dass sie erwachsen sind und keine Angst mehr vor Übergriffen haben müssen. Denn Verweigerung und Trotz führen zu keiner Lösung, sondern nur zu noch mehr Problemen wie Depressionen, Versagensängsten, Arbeitsstörungen und

Beziehungskonflikten. Doch die Erfahrung, hilflos ausgeliefert gewesen zu sein, sitzt meist so tief, dass sie nicht per Kopfentscheidung verändert werden kann. Um die frühe Verletzung zu überwinden, bedarf es häufig der Begleitung durch Therapeuten.

Bezogen auf die narzisstischen Beziehungsthemen reagieren Verweigerer und Trotzige folgendermaßen:

- Sie fürchten ständig um ihre Autonomie und versuchen durch Verweigerung, sich nicht völlig aufgeben zu müssen. Ihre Individualität ist gering ausgeprägt, sodass sie schnell Gefahr laufen, ihre Grenzen zu verlieren. Es entsteht ein Kampf darum, wer hier was zu sagen und zu entscheiden hat. »Ich geb' mich nicht auf!«
- Trotzige gehen im Kontakt auf Distanz und fürchten sich vor Konfluenz. Die würde ihnen die Sicherheit der Selbstbestimmung nehmen.
- Sie fordern andere auf, sie zu bewundern und zu loben, indem sie nach außen hin das Bild der Verlässlichen, Friedfertigen und Kooperativen abgeben. »Ich bin doch so nett, da musst du mich doch mögen!« Sie brauchen viel Anerkennung, erleben aber oft Kritik. Für andere sind sie nicht selbstwertstärkend, sondern eher eine Herausforderung an das eigene Selbstbewusstsein.

Die Resignierten

»Wer feststellt, dass er trotz aller Anstrengungen nichts bewirken kann, der wird früher oder später resignieren und aufgeben. Wer von Haus aus davon überzeugt ist, sowieso nichts machen zu können, wird es gar nicht erst versuchen.«[68]

Resignation bedeutet so viel wie entmutigt sein, keine Hoffnung mehr haben, sich einer ausweglosen Situation fügen zu müssen, aufgeben. Das ist verbunden mit Verzweiflung über die Ausweglosigkeit, mit Trauer, Schmerz und Wut. Doch diese Gefühle sind meist in der Resignation nicht mehr lebendig und spürbar, sondern werden verdeckt von Depression und Hilflosigkeit.

Man spricht im Zusammenhang mit depressiven Erkrankungen auch von erlernter Hilflosigkeit, ein Begriff, den Martin Seligman, Professor für Sozialpsychologie und Klinische Psychologie an der Universität von Pennsylvania, Mitte der 70er-Jahre prägte. Ist die Hilfslosigkeit erst einmal etabliert, folgt daraus nach einer gewissen Zeit die Apathie und mitunter auch eine körperliche Krankheit. Denn lange kann ein Mensch im Arbeitsbereich eine ausweglose Situation nicht aushalten.

Wer schon morgens Angst hat, zur Arbeit zu gehen, weil er befürchtet, den Launen und Entwertungen des narzisstischen Chefs/Kollegen ausgeliefert zu sein, der reagiert mit einem erhöhten Erregungsniveau und körperlichen Beeinträchtigungen. Diese helfen zwar, der hilflosen Situation zu entgehen, wenn man krankgeschrieben wird, lösen aber das zugrunde liegende Problem nicht.

Eine andere Möglichkeit, die Situation zu verändern, besteht darin, den Arbeitsplatz zu wechseln, was aber Kraft und Motivation verlangt, den viele Resignierte nicht mehr haben. Ihre Einstellung »Es hat ja sowieso keinen Sinn« ist der Endpunkt aller Bemühungen und der Beginn einer vielleicht jahrelangen Qual.

Hilflosigkeit wird erlernt, wenn Menschen sich in einer Situation befinden, die sie durch eigenes Handeln nicht verändern können. Sie glauben, keinen Einfluss zu haben, wenn der unberechenbare Chef einmal freundlich und zugewandt, das andere Mal entwertend und ablehnend ist. Weil die Laune des Chefs schnell wechselt, können sie sich nicht auf ein Verhalten einstellen. Resignation stellt sich ein, wenn man spürt, dass man tun kann, was man will, und es dennoch keine dauerhafte Verbesserung im Kontakt gibt.

Die Resignierten, die hilflos sind, werden sich in ihr Schicksal ergeben und leiden, die anderen werden versuchen, neue Wege zu finden. Der Unterschied zwischen beiden Gruppen ist die Art ihres Denkens: Wer glaubt, hilflos zu sein, ist hilflos. Wer aber davon überzeugt ist, Einfluss nehmen zu können, der mobilisiert Kräfte für eine Veränderung. Je nachdem, ob ein Mensch an das Gute oder das Schlimme glaubt, nimmt er seine Situation wahr. »Das wird nie was« oder »Ich überlege mir, welche Möglichkeiten mir offen stehen«, sind zwei ganz unterschiedliche Sichtweisen auf dasselbe Ereignis.

Ist man so weit, sich einzugestehen, dass die Zusammenarbeit mit dem narzisstischen Chef keine Zukunft mehr hat, ist es am besten, loszulassen und sich von der Illusion, man könnte es doch noch irgendwie hinkriegen, zu verabschieden. Dadurch werden Kräfte frei, nach anderen Möglichkeiten Ausschau zu halten und beispielsweise den Arbeitsplatz zu wechseln. So schwer der Schritt auch ist, er birgt viele unerwartete Chancen. Bezogen auf die narzisstischen Beziehungsthemen reagieren Resignierte folgendermaßen:

- Sie neigen zur Selbstaufgabe, geben ihre Autonomie auf und ordnen sich passiv unter.
- Resignation macht konfluent. Sie schaffen es nicht mehr, Distanz herzustellen.
- Selbstwertstärkung bekommen sie vom Gegenüber nicht, sie geben sie ihm aber auch nicht. Beide Seiten sind verfangen in gegenseitigen Entwertungen, und der Enttäuschung ihrer Hoffnung auf ein gutes Ende.

> »Wir brauchen nicht so fortzuleben, wie wir gestern gelebt haben. Machen wir uns von dieser Anschauung los, und tausend Möglichkeiten laden uns zu neuem Leben ein.«
>
> Christian Morgenstern[69]

Herausforderung für die eigene Entwicklung

Der Kontakt mit narzisstischen Menschen ist deshalb so unangenehm und kompliziert, weil er uns mit unseren eigenen Verletzungen, narzisstischen Strukturen, Bedürfnissen und Selbstunsicherheiten konfrontiert. Das ist sehr leidvoll, weshalb wir ihnen lieber aus dem Weg gehen.

Wir können aber auch die Begegnung und Auseinandersetzung mit narzisstischen Menschen als Herausforderung für die eigene Entwicklung sehen. Was muss in uns erlöst und entwickelt werden, um mit so einer schwierigen Person umzugehen? Denn die Lösung liegt bei uns, nicht beim anderen. Den werden wir nicht ändern und es hat auch keinen Zweck, auf ein Wunder zu hoffen. Denn solange narzisstische Menschen nicht unter ihrem Verhalten leiden, werden sie immer so weitermachen. Wenn aber wir leiden, müssen wir etwas dagegen unternehmen. Das ist unsere große Chance und zugleich eine Herausforderung.

Eine Lösung finden wir nur, wenn wir bereit sind, unseren Anteil bei uns zu sehen und unsere Verletzungen, Unsicherheiten und eigenen narzisstischen Anteile aufzudecken. Das heißt nicht, dass wir das Verhalten des anderen gutheißen und akzeptieren müssen. Im Gengenteil, es ist wichtig, Grenzen zu setzen und sich gegen Entwertungen und Drohungen zu schützen.

Die Lösung liegt darin, im ersten Schritt herauszufinden, in welchen Bereichen die eigenen Defizite liegen, die den Umgang mit narzisstischen Chefs/Kollegen erschweren oder unmöglich machen. Im zweiten Schritt gilt es, diese Defizite auszugleichen und kluge Strategien für den Umgang zu entwickeln.

Defizite erkennen und überwinden

Folgende Bereiche sind dabei von zentraler Bedeutung:

- Selbstwertverletzungen und Selbstunsicherheit
- eigene narzisstische Anteile
- Selbstbeobachtung und Selbstkontrolle
- Umgang mit Kritik und Kränkungen
- Empathie, Wertschätzung und Mitgefühl

Es sind im Wesentlichen dieselben Bereiche, die schon im Zusammenhang mit den Soft Skills zur Sprache kamen, nur von der Seite der narzisstischen Person aus gesehen. Hier nun können wir uns fragen, in welchen Bereichen die eigenen Defizite liegen und welche Fähigkeiten wir im Umgang mit narzisstischen Menschen entwickeln müssen. Was gilt es in uns zu erlösen, um narzisstische Manöver so zu handhaben, dass sie uns nicht zu sehr verletzen?

Das Ziel ist, nicht in der Wut, der Angst, der Verweigerung oder der Resignation stecken zu bleiben, sondern Alternativen zu erarbeiten. Denn die übermäßig starken Gefühle als Reaktion auf narzisstische Chefs/Kollegen sind häufig Relikte alter Erfahrungen und verhindern heute eine adäquate Lösung. Was nützt es, sich permanent über den Chef/ die Kollegen zu ärgern? Welchen Effekt hat die ständige Verweigerung, außer schlechten Gefühlen auf beiden Seiten? Das bringt uns nicht weiter, sondern verfestigt den Konflikt. Was uns hilft ist, handlungsfähig zu werden, zu wissen, was wir für uns tun und wie wir unsere Situation verbessern können. Nur nicht im Elend verharren, sondern Wege suchen, daraus herauszukommen.

Selbstwertverletzungen und Selbstunsicherheit

Je geschwächter unser Selbstwertgefühl ist, umso schwieriger ist der Kontakt mit narzisstischen Chefs/Kollegen. Denn sie bestätigen uns nicht, sondern beschuldigen, entwerten und verachten uns oder werten uns unangemessen auf. Letzteres kann unseren Selbstwert zwar vorübergehend stärken, aber die Beziehung nicht auf Dauer positiv beeinflussen. Denn ein überhöhtes Lob hat nur eine geringe Halbwertszeit und verfliegt schnell. Je mehr wir durch unser Selbstwertdefizit auf die Anerkennung von außen angewiesen sind, umso mehr werden wir von narzisstischen Menschen enttäuscht. Besonders dann, wenn sie gar nicht auf uns reagieren, sondern uns einfach nur so hinnehmen. Die Situation wird dann zu einer Wiederholung alter entwertender Erfahrungen und wir reagieren mit derselben Hilflosigkeit und Anpassung wie früher.

Wenn Sie im Umgang mit Ihrem Chef/Ihren Kollegen eine solche Hilflosigkeit verspüren, sollten Sie sich folgende Fragen stellen:

- Welche Entwertung haben Sie bisher erlebt und durch wen?
- Was hätten Sie gebraucht, um sich wertvoll zu fühlen und von wem?
- Was wiederholt sich in der jetzigen Beziehung?
- Welche Person projizieren Sie auf den Chef/die Kollegen? Die versagende Mutter, den abwertenden Vater, Lehrer/innen, Pfarrer/innen, Gruppenleiter/innen, Ausbilder/innen etc.?
- Was genau verletzt Sie heute?
- Welcher Reaktionstyp sind Sie, wenn Sie sich verletzt fühlen?
- Was brauchen Sie heute, um Ihr Selbstwertgefühl zu stärken?

Wenn Sie beispielsweise als Kind verängstigt waren, weil Sie immer, wenn Sie etwas falsch machten, von Ihrem Vater als dumm oder blöd beschimpft wurden, er Sie ablehnte und nichts von Ihnen hielt, haben Sie das Reaktionsmuster der Ängstlichen ausgebildet. Sie bemühen sich noch heute, alles zu tun, um nicht als dumm dazustehen und von Ihrem narzisstischen Chef anerkannt zu werden. Das zeigt er Ihnen jedoch nicht, weil er nie lobt, sondern nur kritisiert oder Sie ignoriert. Auf diese

Weise sind Sie in einer Situation, die der in der Kindheit sehr ähnlich ist. Sie werden sich in der Folge anpassen und genau darauf achten, alles richtig zu machen, um keinen Anlass für Zurückweisung zu bieten. Doch jede nicht bestätigende Reaktion des Chefs interpretieren Sie als Ablehnung. Sie hören »Du bist dumm« und Ihr Chef wird zu Ihrem Vater. Sie reagieren auf ihn wie früher als Kind und bekommen Angst. Ist das heute noch angebracht? Oder brauchen Sie einfach mehr Mut, um sich gegen Kritik zu wehren und darauf zu dringen, positives Feedback zu bekommen? Wenn Sie sich auf Ihre Kompetenzen besinnen und darauf, was Sie alles schon in Ihrem Leben erreicht haben, haben Sie es nicht nötig, sich so kleinzumachen. Überzeugt zu sein von seinem Können, zu seinen Wünschen zu stehen und eine aufrechte Körperhaltung sind Gegenspieler der Angst und stärken das Selbstbewusstsein. Dann werden Sie sichtbar und zu einem ernst zu nehmenden Gegenüber für Ihren Chef.

Wer ein schwaches Selbstwertgefühl hat, sollte sich Unterstützung holen, um es zu stärken und aufzubauen. Was brauchen Sie, um selbstsicher zu werden, und wer kann Ihnen dabei helfen? Ein starkes Gefühl des eigenen Wertes ist der beste Schutz gegen narzisstische Chefs/Kollegen. Denn je souveräner Sie sind, umso leichter können Sie Position beziehen und sind weniger in Gefahr, in das expanded self hineingezogen zu werden.

Ein Coaching, sei es mit einem Profi oder einem uns bekannten und vertrauten Menschen, kann bei der Suche nach Antworten sehr effektiv sein. Es hat den großen Vorteil, dass wir nicht allein sind, sondern das Interesse des anderen an uns spüren. Das allein stärkt schon unser Selbstwertgefühl.

Eigene narzisstische Anteile

Narzisstische Anteile hat jeder, der eine mehr, der andere weniger. Ihre erkennen Sie daran, wie viel Aufmerksamkeit, Lob, Anerkennung und Applaus Sie brauchen, um sich einigermaßen wertvoll zu fühlen. Wenn Sie gleich beleidigt reagieren, weil der

Chef mit dem Kollegen länger redet und ihm sehr zugewandt ist oder Ihnen eine positive Rückmeldung nicht ausreicht, um sicher zu sein, gute Arbeit geleistet zu haben, sondern Sie es von jedem hören müssen, dann haben Sie ein sehr großes narzisstisches Bedürfnis. Das kann Ihren Kollegen aber auch der Führungskraft Probleme bereiten, weil Sie immer unzufrieden und hungrig wirken und sich aufdringlich in den Mittelpunkt drängen und nach Zustimmung heischen. Leistung und Anerkennung sind zwar Mittel, Ihr narzisstisches Defizit auszugleichen, doch solange Sie nicht gelernt haben, sich selbst anzuerkennen, werden Sie immer abhängig von der Reaktion anderer bleiben. Und damit müssen Sie auch die Enttäuschung in Kauf nehmen, wenn die positive Reaktion ausbleibt.

Narzisstische Menschen lösen in uns nicht selten Neid aus, weil sie sich so gut in Szene setzen können und Applaus bekommen, wir dagegen gar nicht auffallen. Aus den Neidgefühlen heraus neigen wir dazu, sie als großspurig und sich in den Vordergrund drängend abzuwerten, statt wahrzunehmen, dass uns etwas fehlt. Nämlich die Gabe, unsere Fähigkeiten angemessen darzustellen und unseren Erfolg offen zu genießen.

Die andere Art, den narzisstischen Hunger zu kompensieren, ist das Bewundern, das in demselben Maße abhängig macht. Die Lernaufgabe für die Bewunderer besteht darin, ihre eigenen narzisstischen Anteile wahrzunehmen, statt sie durch die Idealisierung auf den anderen zu projizieren. Erst dann sind eine nachhaltige Selbstwertstärkung und die Entwicklung einer eigenen Identität möglich. Sie können dann andere immer noch toll finden, brauchen es aber nicht mehr für Ihr eigenes Selbstwertgefühl.

Selbstbeobachtung und Selbstkontrolle

Wer keine Introspektionsfähigkeit, keine nach innen gerichtete Selbstbeobachtung besitzt, hat es schwer, sein Verhalten und Empfinden wahrzunehmen und zu verstehen. Wie heißt es im

Volksmund: »Einsicht ist der erste Schritt zur Besserung«. Das bedeutet, dass Selbstbeobachtung und Selbsterkenntnis die Basis für eine Verhaltensänderung bilden. Im Umgang mit narzisstischen Menschen ist es von großem Nutzen, wenn wir unsere Reaktionsweisen kennen und unsere Gefühle kontrollieren können. Die untergründig aggressiv-destruktive Stimmung oder auch die direkten Zurückweisungen lösen häufig starke Wutreaktionen aus, die, wenn sie unkontrolliert ausgedrückt werden, zu einem massiven Streit führen können. Der aber trägt zu keiner Lösung bei, sondern nur zu weiteren gegenseitigen Verletzungen und zur Verhärtung der Fronten. Wir sollten daher sorgsam beobachten, welche unserer Verhaltensweisen den Konflikt mit dem narzisstischen Chef/Kollegen schürt und uns eventuell sogar ins Aus katapultiert. Beispiele sind: Beleidigt sein, alles in sich reinfressen, sich innerlich in Verachtung verzehren, zynisch, schnippisch oder bissig werden, Drohgebären, Wutausbrüche, dem anderen ins Wort fallen, beleidigen und nicht ausreden lassen oder ihm schöntun und alles abnicken. Letzteres schürt zwar den Konflikt nicht, beruhigt aber nur vorübergehend und führt zu keiner Lösung. Auf Dauer können wir nicht mit jemandem zusammenarbeiten, dem wir Bestätigung vorheucheln, wenn wir ihn eigentlich kritisieren oder vielleicht sogar verachten.

Die beste Strategie besteht darin, unsere Gefühle zu kanalisieren und außerhalb der Berufssituation bei Menschen auszudrücken, die uns zuhören, uns verstehen und uns wohlgesonnen sind. Nur dann können wir besonnen bleiben und umsetzbare Lösungswege suchen. Das kann ein Gespräch sein, in dem wir das Problem direkt mit dem Chef/dem Kollegen ansprechen, es kann aber auch eine angemessene Distanz sein, die es verhindert, immer wieder aneinanderzugeraten. Oft hilft eine sachliche Kommunikation, in der man sich auf die Arbeitsinhalte beschränkt. Um nicht zu resignieren, hilft es, seine Kräfte zu mobilisieren, um neue Entscheidungen fällen zu können.

Umgang mit Kritik und Kränkungen

Im Kontakt mit narzisstischen Vorgesetzten, Kollegen und Mitarbeitern sind wir immer wieder mit Kritik und Kränkungen konfrontiert. Je schwerer wir diese verarbeiten können und je stärker unsere Kränkungsreaktion ausfällt, umso belastender ist der Kontakt.

Wie gehen Sie mit Kritik um? Können Sie davon profitieren im Sinne einer nützlichen Rückmeldung, kratzt sie Ihr Selbstwertgefühl an oder wird es dadurch sogar zerstört? Wenn Kritik für Sie schwer auszuhalten ist, dann erleben Sie sie als Kränkung Ihrer Kompetenz. Aber nicht nur Kritik kann Sie kränken, sondern jedwedes Verhalten, das Ihr Selbstwertgefühl schwächt oder verletzt.

Folgende Wunden werden in narzisstischen Beziehungen immer wieder aufgerissen:

- Ich werde nicht beachtet, wertgeschätzt und gesehen als die, die ich bin. Nur Anpassung zählt.
- Was ich anzubieten habe, wird abgelehnt.
- Ich kann tun und lassen, was ich will, ich erreiche den anderen nicht.
- Meine Meinung wird nicht gehört und ernst genommen.
- Ich bin eine Marionette ohne Selbstbestimmung.
- Ich bin unsicher, verloren und ungeschützt.
- Ich fühle mich nicht wahrgenommen.

Die Reaktionen auf Kränkungen reichen von zerstörerischer Wut über Hilflosigkeit, Ohnmacht, Selbstverachtung, Scham und Angst bis zur Rache und dem Beziehungsabbruch. In Ihrer Gekränktheit verteufeln Sie den Kritiker als unfair und ungerecht, verurteilen sich aber auch selber als Versager.

Welches Verhalten zeigen Sie, wenn Sie gekränkt sind?

- Sind Sie eher der wütende Racheengel oder das depressive Opfer?
- Können Sie Ihre Gefühle noch kontrollieren oder geht »der Gaul mit Ihnen durch«?
- Ziehen Sie sich beleidigt zurück, lecken Ihre Wunden und lehnen jeden Kontakt trotzig ab?
- Lassen Sie Ihrem Gegenüber die Chance, sich zu erklären oder ist er für Sie gestorben?
- Sind Sie noch dialogfähig oder lassen Sie sich auf kein Gespräch mehr ein?
- Können Sie einlenken oder sind Sie unversöhnlich?

Reagieren Sie mit Kampf und Rache, kann es zum offenen Streit kommen, bei dem Sie den Kürzeren ziehen, wenn der andere die Macht besitzt. Eine Veränderung kann nur in Gang kommen, wenn Ihnen Ihr Verhalten bewusst wird und Sie spüren, welche Gefühle hinter Ihrer Aggression stecken. Wut kann leicht zum sogenannten »Deckgefühl« werden. Das bedeutet, dass Angst, Scham und Schmerz nicht gespürt werden, sondern nur die zerstörerische Kränkungswut. Lassen Sie beispielsweise Ihren Schmerz zu, dann reduziert sich die Wut, weil Ihre Spannung sich in Tränen oder Trauer ausdrückt. Dasselbe gilt für Ihre Angst und Scham.

Wenn es Ihnen noch dazu gelingt, Ihre destruktive Kränkungswut durch eine konstruktive Wut zu ersetzen, können Sie die Kränkungssituation besser meistern. Die konstruktive Wut dient dazu, sich abzugrenzen und die Kraft, die in der Aggression steckt, für sich einzusetzen. Statt sie vernichtend gegen den anderen zu richten, setzen Sie sie zu Ihrem Schutz ein. So bleibt die Beziehung erhalten und Sie sind gegen weitere Anfeindungen gewappnet.

Statt also zu wüten oder zu trotzen, verhalten Sie sich angemessen und erwachsen. Ein guter Umgang mit Kränkungen beinhaltet, dass wir Verantwortung für unser eigenes Verhalten übernehmen, aber auch für die Folgen, die unser Verhalten für andere hat. Verantwortlich zu handeln heißt, dem anderen keinen Schaden zuzufügen, auch wenn Sie sich durch ihn verletzt fühlen.

Erwin war ein sehr kränkbarer Mann, der alles auf sich bezog und als negativ gegen sich gerichtet erlebte. Sei es, dass er in der Teamsitzung nicht so oft angeschaut wurde wie die anderen Teilnehmer oder seine Beiträge nicht kommentiert wurden. Jede Geste und jedes Wort legte er auf die Goldwaage und fielen sie nicht so aus, wie er es erwartete oder erhoffte, war er sofort gekränkt. Er reagierte mit verdeckter Wut, wurde zynisch oder pampig, aber innerlich litt er. Es war jedes Mal ein Schlag in die Kerbe: »Man mag mich nicht, ich bin überflüssig.« Er drohte durch diese Einstellung an den Rand des Teams zu geraten und holte sich Hilfe im Coaching. Hier zeigte sich, dass sein Verhalten von wenig erwachsenen Ressourcen getragen war und mehr seine kindlichen Gefühle ausdrückte. So hatte er sich immer in der Schule gefühlt. Als ihm das bewusst wurde, lernte er, sich klarer auszudrücken und mit Kränkungen anders umzugehen.

Heute spürt er die Verletzung, reagiert aber verantwortungsvoll. Er fragt beispielsweise nach, warum keiner einen Kommentar äußert, und erfährt, dass sein Beitrag keine Fragen offen ließ und alles klar war. Er geht in den direkten Kontakt mit der Person, von der er sich missachtet fühlt, und fragt nach, ob er das richtig wahrgenommen hat. Er hört dann Erklärungen, die entweder gar nichts mit ihm zu tun haben, z.B. dass jemand auf dem linken Auge nichts sieht und daher mehr nach rechts schaut, wo er nicht sitzt. Das nächste Mal wählte er einen Platz rechts von der Kollegin und siehe da, sie schaute ihn an. Oder er erfährt, dass er so unnahbar wirkt, dass sich keiner traut, ihn anzusprechen. Alle diese Antworten helfen ihm, die wirklichen Gründe für eine vermeintliche Ablehnung zu erfahren und seine Überzeugung, überflüssig zu sein, zu verändern. Durch sein erwachsenes Verhalten fällt er nicht so tief in die negativen Kränkungsgefühle und kann die Beziehung zu seinen Kollegen halten. Er fühlt sich freier und entspannter, und seine Kontakte verbesserten sich.

Das ist ein Beispiel, wie man auf erlebte Kränkungen konstruktiv reagieren kann. Ziehen Sie klare Grenzen und drücken Sie deutlich aus, was Ihnen missfällt und welches Verhalten Sie sich erwarten. Sie werden es vermutlich nicht immer bekommen, aber gesagt haben Sie es. Und das tut gut, weil es Ihr Selbstvertrauen stärkt. Es kann dadurch aber auch zu einem Bruch in der Beziehung kommen, weil Sie sich erdreisten, autonom zu handeln.

Sind Sie gezwungen, weiter mit dem narzisstischen Chef/Kollegen zusammenzuarbeiten, müssen Sie sich gut schützen. Ich glaube jedoch, dass es auf Dauer schädlich ist, in einem solchen Klima zu sein, in dem Sie sich und Ihre Arbeit nicht gewürdigt fühlen und Ihnen sogar Steine in den Weg gelegt werden.

Überlegen Sie doch einmal: Haben Sie es wirklich nötig, das zu ertragen, oder haben Sie es verdient, einen anderen Ort zu suchen, an dem man Sie schätzt?

> »Wenn die Achtsamkeit etwas Schönes berührt, offenbart sie dessen Schönheit. Wenn sie etwas Schmerzvolles berührt, wandelt sie es um und heilt es.«
>
> Thich Nhat Hanh[70]

Wertschätzung, Empathie und Mitgefühl

Diese drei Worte – Wertschätzung, Empathie und Mitgefühl – sind Schlüsselbegriffe für den Umgang mit Menschen überhaupt und mit narzisstischen im Besonderen. Je mehr Wertschätzung, Mitgefühl und Empathie Sie besitzen, umso zufriedener werden

Sie sein und umso souveräner können Sie auf narzisstische Chefs und Kollegen reagieren.

Wertschätzung bezieht sich auf eine wohlwollende Haltung einem Menschen gegenüber. Das Positive an ihm wertzuschätzen, fällt uns meist nicht schwer, aber was ist mit den negativen Seiten? In der Regel tendieren wir dazu, sie abzuwerten, den anderen dafür zu verachten oder sogar den Kontakt zu beenden. Wir entziehen ihm unseren Respekt und unsere Anerkennung und reagieren unfreundlich.

Narzisstische Menschen wertzuschätzen ist schwer, wenn sie sich uns gegenüber ablehnend verhalten. Doch es gibt einen Trick: Finden Sie irgendetwas, das Ihnen am anderen gefällt, etwas, das Sie wertschätzen können. Es kann eine Äußerlichkeit sein wie die Art des Lächelns, die schönen blauen Augen, das volle Haar oder die anmutige Gestalt. Aber natürlich auch etwas Innerliches: Eine gute Erfahrung, die Sie mit diesem Menschen gemacht haben, oder sein Engagement für eine gute Sache. Unabhängig von Äußerlichkeiten und dem Verhalten ist das Bewusstsein ein Anker, dass der andere ein Mensch ist, der ebenso wie wir Liebe und Zuwendung braucht und ein Herz und Gefühle hat. Beziehen Sie sich innerlich auf diesen Teil, dann wird sich Ihr negatives Gefühl zumindest etwas legen. Und es ist auch eine therapeutische Strategie, denn das Konzept der Wertschätzung entstammt ursprünglich der Klientenzentrierten Psychotherapie von Carl Rogers. Sie hat zum Ziel, das Selbstwertgefühl des Klienten zu stärken, um eine tragfähige therapeutische Beziehung zu installieren. Bei narzisstischen Klienten sprechen wir auch von »narzisstischer Unterfütterung«, was nichts anderes bedeutet, als das ausgehungerte Selbstwertgefühl mit positiver Zuwendung und lobender Unterstützung zu nähren. Nur dann ist es möglich, sich auch gemeinsam die schwierigen Seiten anzusehen.

Im nicht therapeutischen Kontakt wirkt die Unterfütterung ebenso gut. Zeigen Sie Verständnis für das Gefühl und die Befindlichkeit des anderen, aber heißen sie nicht gut, wenn das Gegenüber destruktiv agiert.

Wenn Sie beispielsweise die Erwartung Ihres Chefs, Sie würden ein neues Projekt mit ihm machen, enttäuschen, weil Sie eine Auszeit nehmen oder sich anderweitig nach Betätigungsfeldern umsehen, dann wird er mit ziemlicher Sicherheit narzisstisch gekränkt reagieren. Je nachdem, wie stark das narzisstische Defizit ist, wird er nur vorübergehend enttäuscht oder beleidigt sein oder gleich die Waffen ziehen und Sie angreifen und sich rächen. In einer solchen Situation können Sie signalisieren, dass Sie die Enttäuschung nachvollziehen können, nicht aber die Kränkungswut, und dass Sie sich ein solches Verhalten verbitten. Wenn Sie sich auf diese Weise verhalten, geben Sie sich auch selbst Wertschätzung, weil Sie sich ernst nehmen und Ihrem Bedürfnis entsprechend handeln. Das wiederum stärkt Ihr Selbstwertgefühl und Ihre Selbstsicherheit.

Empathie bezeichnet unsere Fähigkeit, mit und für den anderen zu fühlen. Wir fühlen, was der andere fühlt, wissen aber, dass es nicht unsere Gefühle sind. Bleiben wir beim Beispiel der Kränkung: Wir können nachempfinden, was in dem Gekränkten vor sich geht, aber wir sind deshalb natürlich nicht selbst gekränkt. Um empathisch sein zu können, brauchen wir eine intakte innere Körperwahrnehmung. Nur wenn wir unsere Gefühle spüren können, sind wir auch fähig, uns empathisch in den anderen einzufühlen und Schmerz oder Freude zu teilen. Gerade diese Gabe fehlt Menschen mit einer narzisstischen Struktur. So mangelhaft, wie sie sich selbst spüren, nehmen sie auch den anderen wahr. Fühlen sie nicht, was in dem anderen vorgeht, dann können sie auch nicht angemessen darauf reagieren. »Stellen Sie sich nicht so an« ist ihr unempathischer Kommentar dem verzweifelten Kollegen gegenüber, der gerade von seinem Chef niedergemacht wurde. Und natürlich verhält sich auch der Chef unempathisch, weil er nicht nachempfinden kann, wie stark er den anderen verletzt.

Im Unterschied zur Empathie bedeutet Mitgefühl nicht, das Gleiche zu spüren, sondern für den anderen zu fühlen und Sorge für ihn zu tragen. Das Konzept des Mitgefühls geht auf die buddhistische Lehre zurück, in der es ein zentrales Element darstellt. Das Ziel ist, die negativen Emotionen im Zaum zu halten und stattdessen ein umfassendes Mitgefühl zu entwickeln.

Luise Reddemann sagt: Mitgefühl ist Empathie plus der Wunsch, Heilsames zu bewirken, zum Beispiel Trost zu spenden, zu ermutigen und zu unterstützen.

Die Hirnforscherin Tania Singer, Direktorin am Max-Planck-Institut für kognitive Neurowissenschaften in Leipzig, unterstreicht diese These. Sie hat herausgefunden, dass Empathie und Mitgefühl nicht dasselbe sind, wie oft fälschlicherweise angenommen wird.

Vor einigen Jahren bat sie den buddhistischen Mönch Matthieu Ricard, im Hirnscanner zu meditieren. Doch statt der Hirnregionen, die sie immer wieder hatte aufleuchten sehen, wenn Testpersonen sich in den Schmerz eines anderen einfühlten, sah sie Aktivität in einem Bereich, der zum Beispiel aktiv wird, wenn eine Mutter Fotos ihrer eigenen Kinder sieht.

Er habe sich auf ein warmes Gefühl des Wohlwollens gegenüber der Welt konzentriert, erklärte Ricard. Erst als er sich noch einmal in den Scanner begab und sich auf das Leid rumänischer Waisenkinder konzentrierte, die er in einer Dokumentation gesehen hatte, zeigte sein Gehirn die typische Signatur für Empathie. Der Schmerz sei aber schnell unerträglich geworden, sagte Ricard später: »Ich fühlte mich emotional erschöpft, sehr ähnlich dem Gefühl des Ausgebranntseins.«

Für Singer war es ein Schlüsselerlebnis. »Ich dachte, wir müssten alle empathischer sein, und dann wäre die Welt ein besserer Ort«, sagt sie. »Aber Ricard hat mir beigebracht, dass Mitgefühl etwas ganz anderes ist als Empathie.« Ricards Zustand von Wohlwollen nutze offenbar ein ganz anderes Netzwerk im Gehirn, eines, das mit Fürsorge zusammenhänge. Singer hofft, dass dieser Zustand von Mitgefühl sich ohne die Probleme, die Empathie mit sich bringt, trainieren lässt.[71]

Empathie ist nötig, um das Zusammenleben friedvoller zu gestalten, doch zu viel Empathie ist schlecht, wenn jemand keine Distanz mehr zum anderen herstellen kann und immer auf Mitleiden geeicht ist. Dann befindet er sich permanent im Dunstkreis fremder Gefühle und verliert sich am Ende selbst.

Ein weiteres Beispiel von Mitgefühl beschreibt Singer im Zusammenhang mit dem Berlin-Besuch von Martin Luther King 1964. Der Bürgerrechtler hatte sich gegen die Mitarbeiter der US-Botschaft durchgesetzt, die ihm sogar seinen Ausweis abgenommen hatten, um den Besuch in Ost-Berlin zu verhindern. King zeigte am Checkpoint Charlie einfach seine Kreditkarte vor. »Auf beiden Seiten der Mauer leben Gottes Kinder«, sagte er später in der Kirche. »Keine durch Menschenhand gemachte Grenze kann diese Tatsache auslöschen.« Menschen wie King verkörperten, was Mitgefühl wirklich ist, sagt Singer. »Mitgefühl ist mutig. Mitgefühl ist hart.«[72]

Wir alle können Mitgefühl, Empathie und Wertschätzung erlernen, es ist in unserer neuronalen Ausstattung angelegt. Doch es ist nötig, diese Hirnstrukturen auch zu gebrauchen und zu festigen. Der Königsweg ist die Achtsamkeitsmeditation, die lehrt, das eigene Befinden und das der anderen sorgfältig wahrzunehmen.

Im Alltag können wir uns fragen, was genau uns so trifft und was den anderen dazu veranlasst haben könnte, so mit uns umzugehen.

Wege aus dem narzisstischen Konflikt

Welche Möglichkeiten haben wir im Umgang mit narzisstischen Chefs, Mitarbeitern und Kollegen? Was hilft uns in Konfliktsituationen mit ihnen, wie können wir sie erreichen und wie stellen wir unser Wohlbefinden im Kontakt mit ihnen her?

Vieles ist im Text schon angesprochen worden, hier nun noch einige konkrete Hinweise.

Das narzisstische Gegenüber ins Boot holen

Als Monika die Führung des Teams übernahm, reagierte eine Kollegin mit starker Abwehr und machte ihr das Leben schwer. Sie kritisierte Monika, wo sie konnte, wertete ihre Leistung ab, war permanent unzufrieden und beklagte sich ständig. Eine Klärung war nicht möglich, da sie aggressiv zurückschlug, sobald sie angesprochen wurde. Monika litt sehr unter dieser Situation, zumal die Kritik nur pauschal lautete: »Hier läuft alles nur schief.« Monika geriet dadurch unter einen Rechtfertigungsdruck und kämpfte gegen die unangemessenen Vorwürfe an. In ihrer Not versuchte sie, die Kollegin zu kontrollieren und »in eine Form zu bringen«, wie sie es nannte, um die Angriffe abzuwehren. Doch das verstärkte den Konflikt nur noch mehr und verhärtete die Fronten. Dann ging Monika dazu über, sie emotional zu versorgen und siehe da, sie wurde lammfromm. »Brauchen Sie etwas? Ist Ihnen etwas aufgefallen, was Ihnen nicht passt, was Ihnen nicht gefällt?« Mit diesen Fragen signalisierte Monika zum einen Verständnis für die Unzufriedenheit der Kollegin, zum anderen nahm sie ihr auf diese Weise schon im Vorfeld den Wind aus den Segeln. Nun gab es nichts mehr, was sie Monika vorwerfen konnte. Die Qualität des Kontakts änderte sich völlig, weil sie keine Angst mehr vor Monika haben musste. Im Grunde hatte die Kollegin sich zu wenig wertgeschätzt gefühlt und befürchtet, von Monika eingeschränkt zu werden. Dass sie durch ihre Aggression Monikas Kontrolle provozierte, war ihr nicht klar. Die Zuwendung jedoch beruhigte sie und gab ihr das, was sie brauchte: Beachtung, Autonomie und Mitsprache. Für Monika bedeutete das zugewandte Verhalten, immer vorausschauend agieren zu müssen und nicht entspannt mit ihr umgehen zu können. Es strengte sie an, aber das war ihr angenehmer als der Kampf und die Angriffe.

Wenn wir verstehen, welches Bedürfnis hinter dem destruktiven Verhalten des anderen steckt, und darauf eingehen, kann es sein, dass die Beziehung sich positiv verändert. Wenn das Gegenüber sich gesehen und ernst genommen oder sogar verstanden fühlt, kann es aufhören, sich zu wehren und um sich zu schlagen. Je stärker wir mit Rechtfertigung und eigener Abwehr auf die narzisstischen Manöver reagieren, umso verhärteter wird der Konflikt. Wenn wir die Angriffe nicht persönlich nehmen und nicht gekränkt sind, dann kann der Kontakt zum narzisstischen Gegenüber sogar zur Herausforderung werden.

Narzisstische Patienten beispielsweise kommen mit hohen Ansprüchen in die Therapie. Sie erwarten einen guten, nein, den besten Therapeuten und beginnen, ihn auf Herz und Nieren zu testen. Lässt sich der Therapeut dadurch verunsichern, wird er sich entweder anpassen und die Erwartungen des Klienten versuchen zu erfüllen, oder er gerät mit ihm in Kampf, weil er sich in seiner Kompetenz infrage gestellt fühlt. Beides stört den Aufbau einer wertschätzenden therapeutischen Beziehung und erschwert den Zugang zum Klienten. Oft macht es eine Therapie sogar unmöglich. Nur wer sich von den narzisstischen Manövern nicht aus dem Konzept bringen lässt und besonnen bleibt, kann sich auf die Herausforderung einlassen. Er wird dem Klienten vermitteln: »Bleib, wenn du willst, oder geh woanders hin, wenn ich dir nicht genüge.« Er wird Interesse zeigen für die Ansprüche des Klienten an einen Therapeuten, aber muss sie sich nicht zu eigen machen. Dieser Therapeut zeigt Autonomie und ein gefestigtes therapeutisches Selbstverständnis, ist somit ein gutes Modell für den Klienten und vermittelt ihm Sicherheit.

Auch im nicht therapeutischen Umgang mit narzisstischen Chefs und Kollegen müssen wir überlegen, welche Taktik uns zu unserem Ziel führt. In der Regel wirken Besänftigen, Entgegenkommen und Einlenken deeskalierend. Dieses Verhalten signalisiert, dass man nicht in einen Machtkampf einsteigen will und sich nicht über den anderen stellt, sondern eine Kooperation anbietet. Es geht nicht um die Frage »Entweder du oder ich«, sondern »Können wir zusammen etwas machen?«.

Steht es etwa an, den Kollegen oder Chef auf einen Fehler oder ein Versäumnis aufmerksam zu machen, müssen wir damit rechnen, dass sie die Kritik abwehren, leugnen oder uns sogar die Schuld zuschieben. Holen Sie Ihr empfindsames Gegenüber daher ins Boot und unterstellen Sie ihm, dass er es sicher auch schon gemerkt hat. »Wie Ihnen sicherlich auch schon aufgefallen ist, gibt es dort und dort ein Problem. Ich würde folgende Maßnahmen vorschlagen ...« Indem Sie das tun, stellen Sie sich auf dieselbe Ebene und kommen aus der Rolle der Kritisierenden und Besserwissenden. Indem Sie Ihrem Gegenüber eine Fähigkeit unterstellen, stärken Sie sein Selbstwertgefühl und gewinnen ihn eher für Ihren Vorschlag.

Beziehungsstiftend wirkt auch die Spiegelung der Emotionen. »Mir scheint, Sie sind sehr aufgebracht über mein Verhalten, das erstaunt mich sehr. Wie können wir uns verständigen?« Wir geben dem anderen dadurch zu verstehen, dass wir seine Gefühle ernst nehmen und signalisieren Kooperationsbereitschaft.

Diese Strategien haben nichts mit Schonen oder Entschuldigen zu tun. Schonen heißt, ich lasse dem anderen alles durchgehen, weil ich Angst vor ihm und seiner Reaktion habe. Beispielsweise konfrontiere ich ihn nicht mit seinen Fehlern, weil ich befürchte, von ihm beschimpft zu werden. Das kann nicht Sinn und Ziel sein. Wir können unangemessenes, entwertendes oder sogar gewalttätiges Verhalten nicht entschuldigen. Wir müssen uns und unsere Belange vertreten und Grenzen setzen, wo sie erforderlich sind. Die Frage ist nur, in welcher Form.

Entwaffnend sind Ehrlichkeit und die konsequente Vermeidung von Kampf. Ob diese Strategie immer Erfolg hat, ist nicht sicher, auch wird es uns nicht immer gelingen, sie anzuwenden. Das hängt auch von den unterschiedlichen Ausprägungen des Narzissmus ab, die man folgenden Typen zuordnen kann:

- der Gewalttätige
- der Bedürftige
- der Impulsiv-Instabile
- der Unterhalter
- der Angepasste
- der Anspruchliche

Je nachdem, auf wen wir stoßen, werden unsere Reaktionen unterschiedlich ausfallen.

Dem Gewalttätigen gehen wir am besten aus dem Weg, denn seine Aggression kann zerstörerisch sein. Wenn wir Angst vor ihm haben, spürt er das und hat uns in der Hand. Bei männlichen Klienten beispielsweise habe ich die Erfahrung gemacht, dass sie bei einem männlichen Therapeuten besser aufgehoben sind. Zum einen, weil diese in der Regel weniger Angst vor der männlichen Gewalt haben, zum anderen weil sie bei einem Mann den Vater finden, der sie womöglich milde stimmen kann. Der kleine, verletzte und verlassene Junge in ihnen fühlt sich endlich aufgehoben und angenommen von einem bisher nie da gewesenen Vater, der für ihn sorgt und ihm Halt gibt. Im Job kann das keiner erfüllen, aber dieses Wissen kann uns im Alltag helfen.

Denn der Kontakt zu einem schwer narzisstischen Mann wird besser gelingen, je sicherer dieser sich in unserer Gegenwart fühlt. Durch starke, emanzipierte und machtvolle Frauen fühlt er sich oft bedroht und muss sie bekämpfen. In diesem Fall ist die

Kommunikation von vorneherein schwierig, und es ist fraglich, ob sich ein vertrauensvolles Klima entwickeln kann.

Anders ist es mit dem Bedürftigen, der die Mutterbrust sucht und versorgt werden will. Überlegen Sie sich, ob Sie dieses Bedürfnis stillen wollen. Die Gefahr, wenn Sie auf die Bedürftigkeit eingehen, besteht darin, dass Sie am Ende nicht nur die ganze Arbeit übernehmen müssen, sondern zugleich die Verantwortung für das emotionale Wohlbefinden des Bedürftigen haben. So werden Sie als Helfer ausgenutzt. Besser ist es, dem Helferimpuls zu widerstehen und ihn als erwachsene Person anzusprechen und Verantwortlichkeit zu fordern.

Der Impulsiv-Instabile neigt dazu, seine Impulse ohne Rücksicht auf Konsequenzen auszuagieren, ist launenhaft und unterliegt wechselnden Stimmungen von himmelhoch jauchzend bis zu Tode betrübt. Unter dem narzisstischen Überbau liegt eine reizbare, aggressive Persönlichkeit, die zu Chaos, äußerst intensiven Gefühlsaubrüchen und einem kompromisslosen Schwarz-Weiß-Denken neigt. Ein solcher Chef/Kollege löst Verwirrung bei den anderen aus, denn er ist nicht vorhersagbar und in seinem Verhalten nicht verlässlich. Da Kleinigkeiten massive Reaktionen auslösen können, läuft man wie auf einem Minenfeld. Trotz Vorsicht ist man nie sicher. Auch mit Verständnis und emotionaler Unterfütterung wird man keine Stabilität in der Beziehung herstellen können. Unter einem solchen Chef zu arbeiten ist sehr schwer, da man der Launenhaftigkeit völlig ausgeliefert ist. Einem instabil-impulsiven Kollegen hingegen kann man eher aus dem Weg gehen, doch auch hier muss man ein dickes Fell haben. Sicherlich helfen kleine Zuwendungen wie ein Stück Schokolade auf dem Schreibtisch oder die Notiz »Danke für Ihre Hilfe« oder »Toll gemacht«, aber ob die Arbeitsbeziehung dadurch dauerhaft stabil bleibt, ist äußerst fraglich. Versuchen Sie daher, Ihren Arbeitsbereich von diesem Kollegen zu trennen und die gemeinsamen Schnittmengen so weit wie möglich einzuschränken.

Der Unterhalter ist sehr viel angenehmer im Kontakt, da er vor allem als Kasper beeindrucken will. Das hat ihm schon als Kind Aufmerksamkeit gesichert, und deshalb hat er diese Fähigkeit ausgebaut. Unterhalter sind meist sehr kreative Menschen, die häufig im Showgeschäft zu finden sind. Sie leben wie auf einer permanenten Bühne, kennen sich aber nur als Entertainer. Wer sie sonst noch sind, wissen sie nicht. Sie wurden nie gespiegelt, haben keine eigene Identität ausgebildet, sind bindungsschwach und immer auf der Suche nach etwas oder jemandem. Damit sie überhaupt Gehör bekommen, müssen sie permanent in Aktion sein, etwas darstellen und die anderen bei Laune halten. Sie sind getrieben und nie bei sich angekommen. Im Kontakt lösen sie sich auf und schauen immer nach dem anderen. »Was muss ich tun, um zu gefallen?« Im Grunde sind sie einsam, was sie mit ihrer Rolle übertünchen. Diesen Menschen tut es gut, wenn man ihnen zuhört, für sie da ist und sie ernst nimmt. Und wenn man ihnen zu verstehen gibt, dass sie okay sind und sie sich gar nicht so sehr anstrengen müssen. Doch das Leid, das hinter den Späßen und dem Reden steckt, kann man am Arbeitsplatz nicht auffangen. Dazu bedarf es einer Therapie oder eines Coachings, weil dort wirklich einmal jemand für sie da ist, der sich für die Person hinter der Rolle interessiert.

Die Gruppe der Angepassten tut alles, um zu gefallen. Anpassung ist eine Möglichkeit, Konflikten aus dem Weg zu gehen, zu den Beliebten zu gehören, sich vor Kritik und Auseinandersetzungen zu schützen und gut durchzukommen. Mit Angepassten ist meist gut Kirschen essen, wir werden wenig Probleme mit ihnen als Kollegen bekommen. Was ihnen jedoch fehlt, ist der Mut, ihre eigene Meinung auch gegen Widerstände durchzusetzen, weshalb sie in der Chefrolle nicht sehr effektiv sind. Denn sie geben uns nicht die Sicherheit, dass sie uns unterstützen und sich für uns einsetzen. Darum müssen wir uns schon selbst kümmern.

Der Anspruchliche ist nie zufrieden mit dem, was er bekommt

und was er erlebt. Ihm taugen die Menschen nicht wirklich, der Job ist auch nicht das, was ihn ausfüllt, der Chef zu lasch und die Kollegen zu taff. Wie auch immer es ist, es ist nicht gut und für ihn nicht gut genug. Versuchen Sie nicht, seinen Vorstellungen zu entsprechen, Sie werden es sowieso nicht schaffen. Er muss lernen, sich mit der Unzulänglichkeit der Welt und der Menschen abzufinden. Dabei können Sie ihn unterstützen, indem Sie ihm immer wieder die Realität vor Augen halten. »Ich hätte es auch gerne anders, aber es ist nun mal so, wie es ist.« Diesen Menschen fehlen Ressourcen, die ihnen das Leben leichter machen würden.

Ressourcenaktivierung

Ressourcen sind Kraftquellen, die uns helfen, das Leben besser zu meistern, Probleme zu lösen und mit Schwierigkeiten zurechtzukommen. Je besser wir unsere Ressourcen kennen und anwenden, desto mehr richten wir unser Augenmerk auf unsere Stärken, auf das, was wir gut können und bisher schon im Leben erreicht haben. Beispielsweise, welche Herausforderungen wir gemeistert haben und wie wir mit Rückschlägen umgegangen sind. Im Kontakt mit narzisstischen Chefs und Kollegen sind Ressourcen ausgesprochen nützlich, weil sie uns helfen, die Verletzungen besser zu verarbeiten und die Entwertungen nicht so persönlich zu nehmen.

Zu den Ressourcen gehören jedoch nicht nur eigene Stärken, sondern auch andere Menschen, die uns unterstützen. Gerade in Konfliktsituationen mit narzisstischen Kollegen und Chefs brauchen wir Verständnis für unsere Gefühle und die Bestätigung für unsere Ansichten und unsere Person. Das hilft, die Frustration und Verletzung auszuhalten und zu verarbeiten.

Um Zugang zu unseren eigenen Ressourcen zu bekommen, hilft folgende einfache Übung[73]:

Schreiben Sie bitte alles auf, was Sie können, was positiv an

Ihnen ist, welche Erfolge Sie schon erzielt und welche Niederlagen Sie schon verarbeitet haben. Zählen Sie bitte alle hilfreichen Menschen auf, die Sie unterstützen. Nun schauen Sie sich ein derzeit bestehendes Problem mit der Fragestellung an, ob eine oder gar mehrere der genannten Fähigkeiten, Kompetenzen oder Unterstützer Ihnen bei der Lösung dienlich sein könnten.

Gundula war sehr unsicher, was ihre Coaching-Arbeit mit einem narzisstischen Klienten anging. Er kam fremdmotiviert zu ihr, was bedeutete, dass er von seinem Vorgesetzten geschickt wurde. Der Klient selbst spürte sein Problem nicht, aber die Umwelt litt unter ihm. Er selbst war von sich überzeugt, glaubte, alles gut zu machen und keine Hilfe zu brauchen. Aber sein Vorgesetzter verlangte von ihm, ein Coaching zu machen, und so kam er zu Gundula. Sie hatte Angst, nicht kompetent genug zu sein, und zweifelte daran, ihm gewachsen zu sein, zumal er deutlich zu erkennen gab, niemand könne ihn belehren, schon gar nicht eine Frau.

Als Vorbereitung auf die nächste Sitzung listete sie folgende Ressourcen auf, die sie und ihr berufliches Selbstwertgefühl stärkten:

Die erste war ihre Körpergröße, die ihr Kraft gab und sie nicht so mickrig erscheinen ließ. Die äußere Größe übertrug sich auf ihre innere Größe. Zudem konnte sie leicht mit anderen in Kontakt treten und kommunizieren, was ihr bei der Beziehungsaufnahme mit diesem Klienten half. Sie war gut ausgebildet, besaß Reflektions- und Introspektionsfähigkeit, konnte Probleme analysieren, sich in andere hineinversetzen, und gezielt nachfragen. Alles Fähigkeiten, die sie als Coach nutzen konnte. Auch ihre bisherige Lebenserfahrung war eine Kraftquelle, ebenso ihre Erfahrungen im Umgang mit Rückschlägen: Sie gab nie schnell auf, aber wenn etwas zum Scheitern verurteilt war, konnte sie loslassen und sich über den Verlust trösten. Für das Coaching hieß das: Ich gebe mein Bestes, aber wenn es nicht zum Erfolg führt, verurteile ich mich nicht, sondern beende den Kontakt.

Auf diese Weise beruhigte sie sich und ihre Angst, zu versagen, nahm stark ab. Im Kontakt mit ihren Ressourcen wendete sie den Blick von ihren Defiziten und Unzulänglichkeiten auf ihre Kompetenzen und Stärken und unterstützte ihre Selbstsicherheit.

Der Satz von Luise Reddemann sollte zum Leitsatz für den Umgang mit narzisstischen Menschen und mit unserem Leben überhaupt werden: »Leid und Leiden brauchen Platz, sollten aber nicht alles dominieren!«[74]

Statt nur auf das Leidvolle zu fokussieren, können wir unser Augenmerk auf die Lösung, das Gute und die Kraftquellen richten. Welche Möglichkeiten liegen in mir, mit dem narzisstischen Chef/Kollegen in Kontakt zu treten und Verständigung herbeizuführen?

Umgang mit gekränkten narzisstischen Menschen

Wie wir schon hörten, ist die Kränkbarkeit von narzisstischen Menschen sehr hoch und ihre Kränkungsreaktion mitunter äußerst destruktiv. Sie drohen und beschuldigen uns, was uns zu allererst mundtot macht. Dann jedoch fangen wir an, uns zu rechtfertigen, versuchen, das falsche Bild von uns zurechtzurücken, und wehren uns gegen Unterstellungen und verdrehte Tatsachen. Es zeigt sich jedoch oft, dass sich die Wahrnehmung des narzisstischen Menschen nicht mit unserer deckt. Oft sind sie diametral verschieden, als hätten wir zwei unterschiedliche Situationen erlebt.

Was können wir tun? Die Tatsachen richtigstellen und unseren Standpunkt klar und unmissverständlich darlegen. Mehr geht nicht. Ob der andere es sich anhört, aufnimmt und vielleicht sogar seine Sicht dadurch verändert, liegt nicht mehr in unserer Macht. Hält er jedoch an seiner Meinung fest und lehnt unsere Position ab, dann ist es klüger, loszulassen. In manchen Fällen kann es sinnvoll sein, das Gekränktsein des anderen anzusprechen und Mitgefühl zu zeigen.

»Ich habe den Eindruck, Sie sind jetzt sehr gekränkt durch das, was ich getan habe. Das bedaure ich, denn es war nicht meine Absicht. Vielleicht können wir zu einem anderen Zeitpunkt noch einmal darüber sprechen, denn mir wäre sehr an einer Einigung gelegen.«

Ist die Kränkungsreaktion des narzisstischen Chefs/Kollegen jedoch sehr destruktiv, müssen wir uns zuallererst vor unseren eigenen Racheimpulsen schützen, denn wenn wir verletzt sind, neigen wir dazu, verletzend zurückzuschlagen. Das sollten wir möglichst unterlassen, weil sonst der Konflikt eskaliert. Schlafen Sie also eine oder mehrere Nächte darüber und reagieren Sie erst dann, wenn Ihre Emotionen ein wenig abgeflaut sind.

Konstruktive Aggression statt destruktiver Kränkungswut

Wie schon im Zusammenhang mit narzisstischen Kränkungen beschrieben, sind destruktive Kränkungswut und Rache mögliche Reaktionen auf Verletzungen. Sie haben zum Ziel, die schmerzliche Gekränktheit zu beenden und zu neutralisieren. Allerdings können sie sich bis zum destruktiven Hass und zur Zerstörung auswachsen und sind nicht auf Lösung gerichtet, sondern auf Zerstörung.

Im Gegensatz dazu steht die konstruktive Wut, die uns schützt, Grenzen setzt und die Beziehung nicht zerstört.

»Eine integrierte Aggressivität zeichnet sich dadurch aus, dass aggressive Impulse immer mit wohlwollenden und wertschätzenden Gefühlen gepaart sind: Ich ärgere mich über das Verhalten und schätze den Menschen.«[75]

Eine solche Haltung einzunehmen, gelingt nur dem, der Kränkungskompetenz besitzt. Das bedeutet, das Verhalten des narzisstischen Chefs/Kollegen von dem Menschen zu trennen und Verantwortung für die eigenen Gefühle zu übernehmen. Dann verachte ich das, was der andere tut, kann dem Menschen aber immer noch positiv gegenüberstehen. Aber nur, wenn ich meine negativen Gefühle ihm gegenüber in Schach halte.

Gewaltfrei kommunizieren

Der beste Schutz, um den Konflikt mit einem narzisstischen Chef/Kollegen nicht eskalieren zu lassen, ist Sachlichkeit. Je emotionsfreier Sie Ihren Standpunkt vortragen, klar benennen, was Ihnen nicht gefällt, was Sie fühlen und was Sie sich wünschen, statt Schuld- und Moralvorwürfe zu machen, desto eher kommen Sie zu einer Verständigung.

Entscheidend dabei ist die Art der Kommunikation. Marshall Rosenberg unterscheidet die lebensentfremdende Kommunikation von der gewaltfreien. Die lebensentfremdende Kommunikation, die er auch »Wolfssprache« nennt, ist geprägt durch Urteile und Etikettierungen, mit denen wir unser Gegenüber belegen (So ein Versager!), dem Leugnen der eigenen Verantwortung für unsere Gefühle (Weil Sie mir das antun, muss ich leiden!), das Suchen nach Schuldigen (Sie allein haben das verbockt), das Bewerten (So ein miserabler Chef) und das Fordern statt Bitten (Machen Sie, was ich anweise). Die Wolfssprache kritisiert, interpretiert, droht Strafen an und ist aggressiv. Der Effekt ist, dass die andere Person sich schlecht fühlt, verteidigen muss oder sich zurückzieht. Die gewaltfreie Kommunikation dagegen, die Rosenberg »Giraffensprache« nennt, hat zum Ziel, verständnisvolle Beziehungen aufzubauen oder wieder herzustellen, eigene Bedürfnisse nicht auf Kosten des anderen zu erfüllen, Verletzungen zu vermeiden und Konflikte positiv zu wandeln. Giraffensprache deshalb, weil die Giraffe das Tier mit dem größten Herzen ist. Es ist die Sprache des Herzens, bei der nicht der Fehler des anderen im Fokus steht, sondern unsere Gefühle und Bedürfnisse.

Die Methode der gewaltfreien Kommunikation besteht aus vier Elementen:

- der Beobachtung dessen, was ist, im Sinne einer Problembeschreibung
- dem dazugehörigen Gefühl

- dem damit verbundenen Bedürfnis
- der Bitte um eine konkrete Handlung

Mir fällt auf, dass Sie mir auf meine Mails keine Antwort geben (Beobachtung). Das ärgert mich (Gefühl) und ich wüsste gerne, warum Sie das tun (Bedürfnis). Haben Sie ein Problem mit mir oder wie soll ich es mir erklären (Bitte)?

Eine solche Kommunikation setzt voraus, dass:

- wir unsere Emotionen mit dem Verstand zähmen
- wir auf unsere Wut und Rache verzichten
- wir den anderen nicht anklagen, sondern eine gemeinsame Lösung suchen

Nicht immer leicht oder sogar sehr schwer, wenn wir uns ungerecht behandelt fühlen oder Schaden durch den narzisstischen Chef/Kollegen genommen haben. Aber wir haben die Wahl: Krieg oder Frieden sowohl mit dem anderen als auch mit uns. Denn solange wir im Krieg mit jemandem liegen, haben wir auch keinen Frieden in uns.

»Da wir die Emotionen nicht loswerden können, müssen wir lernen, intelligent mit ihnen umzugehen«, so der Emotionsforscher Paul Ekman. Und dieser intelligente Umgang bedeutet, unsere Gefühle nicht ungefiltert freizusetzen, sondern sie zu steuern. Das ist, wie wir schon sahen, ein Teil der emotionalen Intelligenz und damit eine wesentliche Fähigkeit, die wir im Berufsleben brauchen und die narzisstischen Menschen häufig fehlt. Ekman schlägt eine Schulung vor, die darin besteht, das Aufkommen von Emotionen früh genug zu bemerken, um sie bewusst zu steuern. Wenn wir ausgeglichene Menschen werden wollen, müssen wir dem Bewusstsein mehr Mitwirkung erlauben – gegen unsere Natur. Erlernen können wir es durch eine als kognitive Umstrukturierung wirkende Meditation. Menschen, die regelmäßig meditieren, senken ihren Aggressionspegel und gehen friedvoller mit sich und anderen um. Doch auch wenn wir nicht meditieren, können wir uns eine versöhnliche Haltung antrainieren. Die Schlüssel dafür liegen in der Emotionskontrolle, der Vermeidung psychologischer Dramadreiecks-Spiele und in Aufrichtigkeit und Ehrlichkeit.

Steigen Sie aus dem Dramadreieck aus oder gar nicht erst ein

Psychologische Spiele laufen nach dem Modell des Dramadreiecks ab. Sie sind unbewusste Interaktionsmuster und »werden an ihrem, sich ständig wiederholenden, stereotypen Ablauf erkannt, der immer mit einer (natürlich versteckten) Abwertung beginnt und immer mit einem schlechten Gefühl endet«[76]. Laut »Spielanleitung« verhalten wir uns gemäß vorgegebener Rollen, die nicht der Problemlösung dienen, sondern der Abfuhr unbewusster Emotionen.

Spiele beruhen auf verdeckten Motiven und enden mit negativen Gefühlen oder massiven Konflikten. Immer, wenn Sie sich nach einer Begegnung ungut und nicht stimmig fühlen, können Sie sicher sein, dass zuvor ein Spiel stattfand. Das liegt daran, weil in psychologischen Spielen nicht die Wahrheit ausgesprochen wird, sondern alles verdeckt abläuft. Keiner benennt, was wirklich ist, und drückt auch nicht seine wahren Gefühle und Bedürfnisse aus. Es ist das Gegenprogramm zur gewaltfreien Kommunikation und führt zu unterschiedlich starken Verstrickungen und Konflikten:

- Das Ende des Spiels hinterlässt negative Gefühle wie Ärger, Verwirrung, Unverständnis, Unwohlsein, richtet aber keinen weiteren Schaden an.
- Eskaliert das Spiel, dann entstehen schroffe Ablehnung und

Rachegelüste, wie man dem anderen schaden oder ihn loswerden kann.

- Die schlimmste Form endet in Körperverletzung, (Selbst-) Mord, Kündigung und Arbeitsprozessen vor Gericht. In diesem Fall ist das Spiel so weit fortgeschritten, dass es nachhaltigen Schaden anrichtet.

Die beliebtesten Spiele im Arbeitsbereich sind:[77]

- **Das Wenn-du-nicht-wärst-Spiel**
  Das ist ein Täter-Spiel, bei dem Ihnen immer die Schuld für das Scheitern von Projekten gegeben wird. Wenn Sie die Vorwürfe annehmen, sind Sie im Spiel.
  Sie steigen aus dem Spiel aus oder gar nicht erst ein, indem Sie richtigstellen, wie es zu dem Scheitern kam, was Ihr Anteil daran war, was die anderen dazu beigetragen haben und was Sie alles unternommen haben, damit das Projekt gelingt. Es geht darum, die Verantwortung eines jeden zu benennen, um zu verhindern, dass Ihnen allein alles aufgebürdet wird. Und dass alle zusammen an einer Lösung arbeiten.
  Auf Dauer sollten Sie dafür sorgen, dass Sie aus der Rolle des ewig Schuldigen herauskommen. Schließen Sie sich mit Kollegen zusammen, die auf Ihrer Seite sind. Wenn nur immer Sie derjenige sind, der als Sündenbock herhalten muss, wird man Sie irgendwann loswerden wollen.

- **Das Jetzt-hab-ich-dich-du-Schweinehund-Spiel**
  In diesem Spiel ist der Täter darauf aus, die Fehler bei den anderen zu finden. Der Chef/Kollege lauert geradezu darauf, Sie anzuschwärzen und lautstark zu kritisieren. Damit lenkt er von seinen eigenen Fehlern und Unzulänglichkeiten ab.
  Auch hier gilt, wie bei allen Spielen, die Anschuldigungen nicht zu schlucken, sondern gemäß der gewaltfreien Kommu-

nikation zu reagieren. »Ich merke, Sie kreiden mir ständig Fehler an. Könnten Sie bitte damit aufhören? Ich finde das unangenehm. Warum tun Sie das? Haben Sie etwas gegen mich?«

› **Das Bemäkel-Spiel**

Bei diesem Spiel gibt es einen Chef/Kollegen, der ständig etwas auszusetzen hat und erst mal alles schlechtmacht. Der ewige Nörgler. Fragt man ihn, was so schlimm war, merkt man, dass er nur gemäkelt hat, weil er kein sachliches Argument findet.
Es sind oft unkreative Leute, die selbst keine guten Einfälle haben und dann gegen die der anderen agieren. Statt sich über einen Nörgler aufzuregen, kann man ihm im Team bewusst die Rolle des Kritikers zuweisen nach dem Motto: »Sie sind so begabt, die Haare in der Suppe zu finden, dass Sie der Geeignete sind, um das Projekt auf mögliche Schwachstellen hin abzuklopfen«. Man holt ihn damit ins Boot und nutzt seine Nörgelei positiv.

› **Das Ist-es-nicht-schrecklich?-Spiel**

Das ist ein typisches Opferspiel, bei dem einer oder viele permanent über die Arbeitsbelastung, die Ungerechtigkeit, die Strenge des Chefs/der Chefin oder die Unfähigkeit der Mitarbeiter jammern. Sie hoffen auf Mitleid, aber auch auf Arbeitsentlastung und Schonung. Aus diesem Spiel auszusteigen, ist nicht so einfach, weil man ja selbst auch etwas hat, worüber man jammern möchte, und schon ist man drin. Halten Sie sich also zurück und erkunden Sie, wo Sie sich mit Ihrem Unmut hinwenden können, statt sich dem Jammerclub anzuschließen. Betonen Sie die Ressourcen und Fähigkeiten der Jammerer: »Ja, es ist schon schlimm, aber bisher sind Sie ja auch sehr gut damit zurechtgekommen. Sie schaffen das schon!«

- **Das Ja-Aber-Spiel**
  Mit Ja-Aber werden keine Projekte gelingen, wird keine Therapie Erfolg haben und keine Veränderung bewerkstelligt, weil für alles ein Gegenargument gefunden wird und jede Idee in der Sackgasse endet. Das ist die beste Form, keine Verantwortung zu übernehmen und nichts anpacken zu müssen, denn es geht ja sowieso nicht. Auch vermeidet man damit jegliches Risiko, denn wer nichts riskiert, kann auch keine Niederlage erleiden.
  Ein Chef mit dieser Haltung wird daran scheitern, notwendige Entscheidungen zu fällen. Entweder delegiert er sie an einen Mitarbeiter oder ein Mitarbeiter übernimmt sie automatisch. Dadurch schwächt er seine Führungsposition.
  Mit einem Ja-Aber wird auch der Fortgang der Arbeit behindert und bringt Sie womöglich dazu, zu glauben, Ihre Vorschläge wären schlecht. Wenn Sie dann immer neue, bessere liefern, hat man Sie ins Spiel gezogen. Nehmen Sie am besten die weiteren Arbeitsschritte in Ihre Hand oder fordern den Kollegen auf, eigene Ideen vorzutragen.

Sie vermeiden oder verlassen jedes Spiel, indem Sie Folgendes beachten:

- Vermeiden Sie Schuldzuweisungen.
- Schlucken Sie keine Anschuldigungen ohne Erläuterung.
- Übernehmen Sie Verantwortung für Ihre Arbeit und lassen Sie den anderen ihre Verantwortung.
- Weisen Sie ungerechtfertigte Kritik zurück.
- Machen Sie sich nicht zum Opfer durch Selbstabwertung.
- Machen Sie sich nicht zum Täter durch Entwertung der anderen.
- Helfen Sie nicht, ohne gebeten zu werden.

- Setzen Sie Ihre erwachsenen Fähigkeiten ein und besinnen Sie sich auf Ihre Ressourcen. Sie können mehr bewirken als Sie denken.
- Hetzen Sie nicht zusammen mit anderen gegen Dritte.
- Holen Sie sich Hilfe nur bei neutralen Dritten, die mit der aktuellen Situation nichts zu tun haben (wohlgesonnene, aber neutrale Freunde, die ihre ehrliche Meinung sagen, Coaches, Therapeuten).
- Finden Sie heraus, in welche Rolle Sie am Arbeitsplatz im Kontakt mit narzisstischen Chefs/Kollegen am ehesten rutschen: die des Opfers, des Täters oder des Helfers.
- Lassen Sie sich nicht verführen, ins Spiel einzusteigen, sondern bleiben Sie mit sich in Kontakt.
- Fragen Sie nach, was der andere will und was er von Ihnen braucht.
- Kommunizieren Sie offen, was Sie fühlen und brauchen und wie es Ihnen geht.

Raus aus dem expanded self

Wie schon im ersten Teil beschrieben, ist das expanded self die Möglichkeit für narzisstische Menschen, sich Macht über den anderen zu verschaffen. Statt sich auf ein autonomes Individuum einzulassen, kontrollieren sie ihr Gegenüber, indem sie es manipulieren und definieren. Das läuft so subtil ab, dass die Betroffenen es nicht oder erst sehr spät wahrnehmen.

Wenn Sie sich in einem fremden Selbst befinden, bemerken Sie es an Folgendem:

- Sie sprechen Dinge nicht aus, die Sie sonst selbstverständlich sagen würden.
- Sie fühlen sich klein und mies in der Begegnung.
- Sie orientieren sich nur am anderen/an dem, was er von Ihnen erwartet.

- Sie verlieren den Kontakt zu Ihren Fähigkeiten und zu Ihrer Kraft.
- Sie fühlen sich unbeholfen und nicht erwachsen.
- Sie können nicht mehr adäquat handeln.

Wenn ein narzisstischer Chef/Kollege Sie in sein ausgedehntes Selbst hineinzieht, verleiht ihm das Macht und ein subjektives Erlebnis von Wertigkeit. Zugleich zwingt er Sie in die unterlegene Position, indem Ihre Impulse ständig durch seine Definitionen überlagert werden und Sie so das Gefühl für sich selbst verlieren. Sie fragen sich: »Bin ich wirklich so unsicher und nichtig, kann ich ihm wirklich nichts entgegensetzen oder warum verhalte ich mich wie hypnotisiert?« Sie erleben sich wie fremdbestimmt und können nicht mehr unterscheiden, ob das, was Sie wollen und tun, von Ihnen kommt oder weil er es Ihnen diktiert.

Um sich aus dem Bann des expanded self zu befreien, ist es entscheidend, den Kontakt zu sich selbst herzustellen und die eigenen Gefühle, Bedürfnisse und Impulse zu spüren. Das erreichen Sie über die Wahrnehmung Ihres Körpers und Ihres inneren Erlebens mithilfe von Entspannungs- oder Atemübungen. Wichtig ist es jedoch auch, darüber zu reden, wie Sie sich fühlen und was Sie belastet. Durch das Sprechen bekommen Sie Distanz zur Konfliktsituation, und das hilft Ihnen, sich aus dem Bann zu befreien. Sie brauchen jemanden, der Ihnen verständnisvoll zuhört, für Sie da ist, Ihre Gefühle ernst nimmt und jedwede Belehrung oder Wertung vermeidet. Denn Ihre Verletzungsgefahr ist in diesem Moment besonders groß, da Sie sich verwundet und schutzlos fühlen. Ein achtsamer Kontakt kann an sich schon heilend wirken. Die Befreiung aus dem Bann des expanded self merken Sie daran, dass Sie sich wieder gut fühlen und selbstbestimmt handeln können. Aus der Distanz wird Ihnen klar, dass nicht Sie minderwertig oder schuldhaft sind, sondern das Problem bei dem anderen liegt. Nun gelingt es Ihnen, Strategien zu entwickeln, den anderen in seine Schranken zu weisen und sich abzugrenzen. Beides ist nötig, um nicht erneut in den fremden Bann gezogen zu werden.

Dialogbereitschaft

Narzisstische Konflikte sind in der Regel mit Kampf und Verletzungen verbunden. Man muss dialogbereit sein, um das zu beenden. Zur Dialogbereitschaft gehören gegenseitige Achtung, Wertschätzung und die Anerkennung der Verschiedenartigkeit. Das bedeutet, Abschied zu nehmen von Überlegenheits- und Machtansprüchen und stattdessen die Meinung und den Standpunkt des anderen zu erfassen. Es heißt aber auch: »... sich selbst für Fragen zu öffnen; die eigene Position zu hinterfragen, Argumente ins Spiel zu bringen und gemeinsam die Wahrheit zu suchen«[78].

Durch Dialogfähigkeit kann es von einem narzisstischen Oben-Unten zu einer gleichwertigen Begegnung auf Augenhöhe kommen. Sie beinhaltet nach dem Pädagogen Korczak folgende fünf Schritte[79]:

1. **Aufeinander zugehen**
   Das bedeutet, dass Sie aktiv den Kontakt suchen und bereit für Versöhnung und Verzeihen sind.
2. **Den anderen als Partner wahrnehmen**
   Sehen Sie den narzisstischen Chef/Kollegen als gleichwertigen Partner, mit dem Sie zusammen an der gleichen Sache arbeiten. Das steht dem narzisstischen Konkurrenzdenken und der Selbstdarstellung diametral entgegen.
3. **Den anderen ernst nehmen**
   Auch wenn der andere anders ist als Sie selbst, gilt es, ihn ernst zu nehmen in seinem Sein und seinen Vorstellungen. Und ihn nicht nach dem narzisstischen Muster so zu manipulieren, wie man ihn haben will.

4. **Beziehung herstellen**
   Lernen Sie den anderen in seiner Einmaligkeit und Individualität kennen.
5. **Probleme angehen, Lösungen aushandeln**
   Jeder kann seinen Standpunkt darlegen, seinen eigenen Anteil am Konflikt erkennen und gemeinsam mit dem anderen eine Lösung aushandeln. Der Schwerpunkt liegt auf der konstruktiven Lösung des Konflikts und der Einigung über Regeln der Zusammenarbeit, um ähnliche Konflikte in Zukunft zu vermeiden. Dieses Vorgehen gelingt nur selten unter Kollegen und Führungskräften, außer in einer Supervision mit einem Fachmann von außen. Doch leider lehnen viele Institutionen die Hilfe durch Coaches und Supervisoren ab. Meistens liegt es weniger am Geld als vielmehr an der Angst, Machtansprüche hergeben und das bisherige System infrage stellen zu müssen.

Was tun Sie, wenn Sie einen narzisstischen Chef haben?

Vorsicht Blender

Lassen Sie sich nicht zu schnell von einem charismatischen Vorgesetzten oder Kollegen verführen. Er könnte sich als narzisstisch entpuppen mit allen Vor- und Nachteilen. Seien Sie im Umgang mit ihm besonnen, denn seine Idealisierung kann schnell in Entwertung kippen. Nehmen Sie das dann nicht persönlich, es gehört zu seiner Persönlichkeit.

Gemeinsam gegen den narzisstischen Vorgesetzten

Werden die Konflikte immer stärker, kann es sein, dass ein ganzes Team sich gegen den Chef stellt. Als ganze Gruppe hätten sie Macht, doch meist schafft es der narzisstische Vorgesetzte, das Team zu spalten. Die eine Hälfte sind seine Gegner, die andere seine Anhänger. Damit wird das Team handlungsunfähig und die

Revolte kommt unter Kontrolle. Es bleibt den Protestierenden nichts weiter übrig, als klein beizugeben oder sich zu trennen.

Fairness hilft nicht

Um Konflikte zu vermeiden und sich vor Kränkungsreaktionen des narzisstischen Chefs/Kollegen zu schützen, versuchen wir, fair zu sein. Wir halten uns an einmal getroffene Vereinbarungen, auch wenn sie schon länger zurückliegen, nehmen uns zurück, lassen ihm den Vortritt und geben ihm das Gefühl, dass wir loyal sind. Doch das alles hilft nichts, wenn wir etwas tun, was in seinen Augen Verrat ist. Wir können noch so fair gewesen sein, es spielt keine Rolle mehr, es wird nur die momentane Unfairness gesehen, wegen der wir bestraft oder verstoßen werden. Denn alles, was vorher war, gilt in den Augen des narzisstischen Menschen nun nichts mehr.

Machen Sie sich frei von der Erwartung, gelobt zu werden

Viele Vorgesetzte loben weniger, als es die Motivation und das Bedürfnis der Mitarbeiter erfordert. Nehmen Sie es nicht persönlich und suchen Sie die Zustimmung an anderer Stelle, statt beleidigt zu sein.

Lassen Sie sich nicht vertrösten

Narzisstische Vorgesetzte neigen häufig dazu, Konflikte zu vermeiden. Jede Störung im Team wird um der Harmonie willen beschönigt oder verleugnet. Beklagen sich beispielsweise die Mitarbeiter über zu geringe Wertschätzung ihrer Arbeit oder die Entwertung ihres Berufsstands, werden sie mit Beschwichtigungen vertröstet. Das Problem selbst wird nicht aufgegriffen, im Gegenteil werden diejenigen, die das Problem haben, entweder nicht ernst genommen, ausgelacht oder es wird ihnen als ihre eigene Schuld zurückgegeben. Die Vorgesetzten wollen nicht wahrhaben, dass es Unzufriedenheit und Kritik unter den Mitarbeitern gibt, weil sie es als Kränkung ihrer Führungskompetenz erleben. Um sich nicht als schlechter Chef oder mangelhafte Chefin fühlen zu müssen, wird einfach geleugnet, dass es Konflikte gibt.

Lassen Sie sich nicht vertrösten und Ihr Problem ausreden, sondern benennen Sie klar, was Sie belastet, und formulieren Sie Ihre Wünsche. Damit zeigen Sie Kompetenz und Eigenverantwortlichkeit. Denn das Problem liegt nicht bei Ihnen, dass Sie sich entwertet fühlen, sondern bei der Führungskraft, die unfähig ist, Konflikte anzugehen.

Was tun Sie, wenn Sie einen narzisstischen Kollegen haben?

- Lassen Sie sich Ihre Arbeit und Ihren Erfolg nicht aus der Hand nehmen.
- Stecken Sie die Arbeitsbereiche bestmöglich klar ab.
- Sie sind nicht dazu da, den anderen ständig zu loben.
- Drängelt er sich immer vor, dann lassen Sie ihm den Vortritt in Bereichen, die Ihnen selbst nicht so wichtig sind, und signalisieren ihm: »Auf diesem Gebiet sind Sie ja der Spezialist. Das andere Thema gehört in meinen Bereich und deshalb werde ich es in der Versammlung vortragen. Ich bitte Sie, sich dann zurückzuhalten.« Sie müssen damit rechnen, dass er eine abwertende Antwort geben wird wie »Oh, mein Gott, sind Sie empfindlich. Ich lasse Ihnen ja den Vortritt, wenn Ihnen das so wichtig ist.« Lassen Sie sich dadurch nicht beirren, denn es zeigt, dass er verstanden hat, es aber nicht zugeben kann.
- Gehen Sie sachlich-distanziert mit ihm um, damit Sie sich vor unnötigen Verletzungen schützen.
- Schenken Sie ihm Anerkennung und Aufmerksamkeit, wenn es sich für Sie richtig anfühlt. Damit signalisieren Sie ihm,

dass Sie ihm wohlgesonnen sind und ihn nicht bedrohen. So können Sie ihn sogar als Unterstützer gewinnen.

- Konkurriert er permanent mit Ihnen, dann hat er es wohl nötig. Vertrauen Sie auf Ihre Kompetenz und lassen Sie sich nicht entwerten. Erkennen Sie Ihre Stärke und die des anderen an.
- Verweigert er die Zusammenarbeit, enthält er Ihnen Informationen vor, erledigt er notwendige Arbeiten nicht, übernimmt er keine Verantwortung, dann ist es an der Zeit, ihn zur Rede zu stellen. Fragen Sie ihn nach den Gründen und machen Sie ihm klar, dass Sie so nicht weiter arbeiten wollen. Tragen Sie seine und Ihre Vorschläge zur Verbesserung zusammen und wenn Sie dadurch keine Lösung finden, schalten Sie den Vorgesetzten ein. Aber lassen Sie sich auf nichts ein, was für Sie nicht wirklich stimmt.
- Wird die emotionale Belastung zu stark, nehmen Sie eine neutrale Beobachterposition ein und schauen Sie von dort auf den Konflikt. Dadurch stellen Sie einen Abstand zu dem bedrückenden Erleben her und entlasten sich. Man spricht in diesem Zusammenhang auch von Selbstdistanz als einer Methode, um aus negativen Gedanken und Gefühlen auszusteigen und die Stimmung zu verbessern. Sie beruhigen sich und bringen sich wieder in einen ausgeglichenen emotionalen Zustand.
- Spiegeln Sie Angriffe zurück:
  Er: »So kann das ja nichts werden, bei dem Chaos auf dem Schreibtisch!«
  Sie: »Das klingt, als hätten Sie damit Erfahrung.«
  Oder augenzwinkernd: »Ja, das Chaos brauche ich für meine Kreativität.«
  So schlagen Sie drei Fliegen mit einer Klappe: Sie geben ihm recht, steigen nicht in den Kampf ein und betonen eine Ihrer Stärken.

Autonom und selbstbewusst

Je autonomer und selbstbewusster Sie sich fühlen, desto besser können Sie narzisstischen Chefs/Kollegen entgegentreten und desto weniger werden Sie in das fremde Selbst hineingezogen. Das schafft die Grundlage für ein selbstbewusstes Auftreten narzisstischen Menschen gegenüber.

Methoden, um das Selbstbewusstsein und das Selbstwertgefühl zu stärken, gibt es viele, sie können hier nicht alle aufgezählt werden. Was sofort hilft, ist, sich seiner Ressourcen bewusst zu sein: seiner Kompetenz, seiner bisherigen Erfolge im Beruf und seinem persönlichen Wert. Schauen Sie auf Ihre Fülle, nicht auf Ihre Defizite! Dasselbe tun narzisstische Menschen auch, nur toppen sie das Ganze mit Selbstüberhöhung. Die brauchen Sie nicht, wenn Sie Ihre Fähigkeiten kennen.

Narzisstische Menschen sind eine Herausforderung für Ihr Selbstbewusstsein. Sie sind Ihr Sparringspartner, durch den Sie erfahren, wo Ihre eigenen Schwachstellen liegen. Nutzen Sie diese Chance!

Zum Selbstbewusstsein gehört auch die Gabe des Humors, über Dinge zu schmunzeln oder zu lachen, die in ihrer Absurdität unübertroffen sind. Und die erleben wir mit narzisstischen Chefs und Kollegen immer wieder. Seien es die überzogenen Reaktionen auf Kränkungen, seien es kindische Neid- und Rivalitätsgefühle, die einem Erwachsenen nicht angemessen sind, sei es ein Kontaktabbruch aus heiterem Himmel.

Nehmen Sie das alles nicht so ernst! Betrachten Sie es aus einer gewissen Distanz mit Humor! Albert Camus hat einmal gesagt:

> »Die Fantasie tröstet die Menschen über das hinweg, was sie nicht sein können, und der Humor über das, was sie tatsächlich sind.«[80]

Selbstfürsorge

Zu einem guten Selbstwertgefühl gehört auch die Selbstfürsorge als einem wertschätzenden Umgang mit sich selbst. Das Ziel ist Wohlbefinden durch die Befriedigung unserer emotionalen und körperlichen Bedürfnisse.

Im Umgang mit narzisstischen Menschen müssen wir vor allem für Schutz und Sicherheit vor Verletzung und dem Bedürfnis nach Beachtung sorgen. Dazu gehört, dass wir unseren Stresslevel nicht überziehen, um nicht zu dünnhäutig und zu bedürftig zu werden. Je »satter« wir sind, desto weniger sind wir auf die Zuwendung des narzisstischen Chefs/Kollegen angewiesen. Selbstfürsorge bedeutet in diesem Zusammenhang, für ausreichende Wertschätzung unserer Person und Leistung zu sorgen und sie uns auch selbst zu geben.

Selbstfürsorge bedeutet aber auch, aus einer nicht lösbaren und belastenden Situation rauszugehen. Manchmal reicht eine vorübergehende Distanz nicht aus, um der Destruktivität des narzisstischen Vorgesetzten zu entgehen. Mitunter ist der Wechsel des Arbeitsplatzes unausweichlich, um gesund an Leib und Seele zu bleiben.

»Selbstfürsorge ist nicht etwas, das man kurz nebenbei macht, wenn gerade mal ein bisschen Zeit ist, sondern sollte ein essenzieller Bestandteil der beruflichen Identität sein«, meinen Barnett und Cooper.[81] Sie plädieren für eine »Kultur der Selbstfürsorge«, die im Berufsleben selbstverständlich sein sollte, aber erst allmählich in die Köpfe der Menschen kommt. Leistung steht immer noch an erster Stelle und verdrängt oft den Gedanken an Selbstfürsorge. Und das natürlich besonders im narzisstischen Denken und Handeln.

Frieden schließen durch Mitgefühl

Der tibetische Mönch Dolpo Tulko beschreibt die folgenden zwei Übungen, um Mitgefühl zu entwickeln:

Betrachte alle Wesen als gleichwertig

Wir alle wollen glücklich sein und wir alle wollen Leiden vermeiden. Das gilt für jedes Wesen. Was heißt das im Umgang mit narzisstischen Menschen? Auch wenn sie uns ungerecht behandeln oder Schaden zufügen, sind sie als Menschen gleichwertig. In dieser Haltung entwickeln wir Verständnis für ihre Situation und versuchen, ihnen Leid zu ersparen, so wie wir auch Leid vermeiden wollen. Statt um Rache geht es um friedvolles Zusammenleben, statt Leid zu schaffen entwickeln wir Mitgefühl.

Versetze dich an die Stelle des anderen

Stellen Sie sich Ihren narzisstischen Chef/Kollegen vor und schlüpfen Sie für eine Weile in seine Person. Dann betrachten Sie die Welt und die Konfliktsituation aus seiner Perspektive. Sie verstehen dadurch vielleicht, wie er sich fühlt und was ihm fehlt, warum er sich so verhält und was den Konflikt angeheizt hat. Ihr Ärger und Ihre Enttäuschung werden dadurch weniger und Sie können aufhören, dem anderen zu zürnen. Anselm Grün und Walter Kohl sprechen in diesem Zusammenhang von »Feindesliebe«.

»Für mich bedeutet Feindesliebe, dass ich mich mit innerer Gelassenheit und aus einem inneren Frieden heraus mit Feinden auseinandersetzen kann. Das erzeugt Souveränität und Freiheit .... Was bringt schon Rache? Sie führt nur zu weiterer Gewalt.«[82] Ist es nicht besser, sich zu fragen, wie wir dem narzisstischen Menschen die Angst nehmen können, die zu seinem destruktiven Verhalten führt, als ihn zu verteufeln?

Gehen Sie mit Ihrem Friedensangebot in Kontakt

In sich den Frieden zu finden, ist die Basis, um ihn auch im Kontakt herstellen zu können. Es gibt Situationen, in denen es wirksam ist, Ihr Friedensangebot mitzuteilen. Das setzt jedoch voraus, dass der andere dialogbereit ist und Sie davon ausgehen können, dass er Ihr Angebot annimmt und versteht. Das Ziel ist, nicht zu viel Kraft in den Zwist fließen zu lassen und die ungeklärte Situation zu beenden. Das heißt nicht, dass nun »alles wieder gut« ist. Nein, die Verletzungen, die geschehen sind, kann man nicht rückgängig machen und es wird vielleicht nie ein wirkliches Vertrauensverhältnis aufgebaut werden können. Aber zumindest sollte die Feindschaft beendet werden, sodass Sie sich wieder begegnen können.

Haben Sie jedoch Zweifel, ob der andere seinerseits friedfertig reagieren wird oder Ihr Angebot ablehnt, ist es besser, die Problemsituation auf sich beruhen zu lassen und abzuwarten. Manchmal bewirkt Schweigen mehr als Reden.

Was hilft den narzisstischen Chefs und Kollegen?

Verantwortung für eine gesunde Arbeitswelt

Unter dem Stichwort »gesunde Arbeit« finden sich viele Initiativen, um das Arbeitsklima zu verbessern und die Arbeitssituation so zu gestalten, dass sich die Mitarbeiter wohlfühlen und körperliche sowie psychische Erkrankungen vermieden werden. Führungskräfte mit narzisstischen Strukturen dienen diesem Konzept nur bedingt oder gar nicht. Daher gehört zur gesunden Arbeit auch das Coaching oder Training von Führungskräften, um ein positives emotionales Klima im Unternehmen herzustellen. Denn Kränkungen, Entwertungen, Ausgrenzungen und feindliche Stimmungen dienen weder einer gesunden Arbeit noch dem Glücklichsein. Depressionen, Ängste und Burnout entwickeln sich zu den Hauptursachen von arbeitsplatzbedingten seelischen Erkrankungen. Nicht zu vergessen die Mobbingfälle, die in einem schlechten Klima gedeihen.

»Drei Milliarden Euro geben die Krankenkassen für die Behandlung von arbeitsbedingten psychischen Störungen jährlich aus. Im Jahr 2011 gingen 53 Millionen Krankentage auf das Konto psychischer Störungen – ein Anstieg um mehr als 80 Prozent in 15 Jahren. Der deutschen Wirtschaft entgeht zudem eine Bruttowertschöpfung von mindestens 45 Milliarden Euro im Jahr durch psychische Erkrankungen. Die sind inzwischen mit 41 Prozent die Ursache Nummer eins bei den Frühverrentungen. Und die Betroffenen sind im Durchschnitt erst 48 Jahre alt.«[83]

Der Bundesverband deutscher Psychologinnen und Psychologen BDP e.V. beschreibt die wichtige Schlüsselrolle, die Vorgesetzte dabei haben:

- Führungskräfte sind zuständig für die Arbeitsabläufe, die Zuteilung von Arbeitsaufgaben und die Arbeitsmenge. Sie können einzelne Mitarbeiter überfordern, aber auch fördern.
- Vorgesetzte prägen das Teamklima entscheidend. Ist es angenehm, führt dies zu Wohlbefinden und guten Leistungen.
- Führungskräfte sollten außerdem Ansprechpartner für die Sorgen der Mitarbeiter sein, auch bei relevanten Gesundheitsproblemen.
- Chefs dienen mit ihrem Verhalten als Vorbilder: Wie geht der Chef mit seiner Arbeitsbelastung um? Macht er selbst Pausen oder sind Überstunden an der Tagesordnung?
- Nur wenn alle Führungsverantwortlichen mitwirken, kann ein betriebliches Gesundheitsmanagement erfolgreich durchgeführt werden.[84]

Manche Manager gehen noch einen Schritt weiter. Statt von Zufriedenheit und Gesundheit am Arbeitsplatz sprechen sie vom Glücklichsein. Wie ist das Glück der Mitarbeiter zu vereinbaren mit ökonomischen Zielen? Sicher nicht immer einfach und auch nicht immer durchsetzbar. Aber es ist ein bedeutender Schritt auf dem Weg zu einem neuen Denken und einer veränderten Einstellung zur Arbeit. Weg von der Konzentration nur auf Leistung und Profit, hin zu mehr Menschlichkeit. Das erfordert im Arbeitsalltag von den Führungskräften mehr Transparenz und

Aufklärung von Entscheidungsprozessen, aber auch mehr Empathie. Das bedeutet, mehr Kontakt zur Belegschaft, sich sozusagen »unter sie mischen«, auf sie zugehen, sich zeigen, mit den Mitarbeitern reden und ihnen zuhören. Das alles schafft ein Klima von mehr Gleichwertigkeit, verändert das starre Oben-Unten-Denken und stärkt die Corporate Identity. Mitarbeiter, die sich eingebunden und ernst genommen fühlen, stehen fester zum Unternehmen und zum Chef. Eine hohe Arbeitsmotivation dient der gesunden Arbeit ebenso wie allgemeines Wohlbefinden.

Coaching

»Ich möchte die paradoxen Schwierigkeiten beim Coaching von Führungskräften mit narzisstischen Innenwelten gleich beim Namen nennen: Sie brauchen Beratung und sind doch unfähig, einzusehen, dass sie diese benötigen«, so Klaus Eidenschink, Organisationsberater, Coach und Managementtrainer.[85]
Beim Coaching müssen wir unterscheiden, ob es sich um ein persönliches oder ein organisatorisches Coaching handelt. Beides greift ineinander, sie unterscheiden sich aber ganz wesentlich vom Auftrag her. Oft bedürften narzisstische Vorgesetzte eines persönlichen Entwicklungsweges hin zu mehr innerer Sicherheit, um Kritik und Konkurrenz zu tolerieren, aber sie hängen den Coaching-Auftrag an Schwierigkeiten im Unternehmen auf. Das ist zum einen sicherlich berechtigt, denn narzisstisch infiltrierte Organisationen leiden und bedürfen der Hilfe. Doch können die Vorgesetzten ihre persönlichen Probleme hinter so einem Auftrag perfekt verstecken.

Um einen Weg zum Beratenden im Coaching zu finden, bedarf es im Grunde wie in der Therapie eines langsamen Vertrauensaufbaus und der Installierung einer tragfähigen Beziehung. Das gelingt in jedem Fall umso besser, je mehr das Bedürfnis nach Hilfe und Unterstützung die Angst vor der Konfrontation mit eigenen Schwächen überwiegt. In erlebten Krisenzeiten stehen die

Chancen dafür am besten. Wenn beispielsweise die Kontrolle wichtiger Führungskräfte oder der Bezug zur Familie zu entgleiten drohen. Wenn Kompensationsmittel gegen die Einsamkeit wie Alkohol, Sexualität, Drogen zum Problem werden. Wenn man den Job verloren hat oder das Unternehmen in die Insolvenz ging. Gerade in Krisenzeiten merken narzisstische Menschen, dass es so nicht weitergeht, weil sie befürchten, dass ihr Idealbild zusammenbricht. Das persönliche Leid ist der Schlüssel oder besser die Voraussetzung, sich auf sich selbst einzulassen.

Dennoch ist der Coach immer in der Gefahr, für den Erhalt des idealen Selbstbildes oder dessen, was davon noch übrig ist, ausgebeutet zu werden. Denn die Konfrontation mit eigenen Schwächen verbinden narzisstische Menschen immer damit, Fehler gemacht und versagt zu haben. Ein ressourcenorientiertes Vorgehen erscheint mir an dieser Stelle sehr hilfreich, um dieser Selbstentwertung entgegenzuarbeiten.

Je nach Auftrag könnte ein erfolgreiches Coaching bewirken, dass dieser Mensch beginnt, sich zu spüren, und einen Blick hinter seine strahlende Fassade wagt. Vielleicht bekommt er dann eine Idee davon, wer er sonst noch ist, außer der unangreifbaren Führungskraft. Und wenn er begreift, dass eine erfolgreiche Führung nur dann gelingt, wenn Kritik geübt und Fehlentscheidungen benannt werden dürfen, kann er unliebsamen Entwicklungen entgegensteuern. Er muss erkennen, dass kompetente Mitarbeiter keine Gefahr für ihn bedeuten, sondern ein Gewinn für das Unternehmen sind. Und alle Beziehungen würden entlastet, wenn er lernt, auf Kränkungen nicht gleich mit Beziehungsabbruch, Entwertung oder Destruktivität zu reagieren.

Therapie: Ein Besserwisser wird weich

Die Therapie suchen narzisstische Menschen erst auf, wenn sie persönlich leiden, weil ihnen die narzisstischen Stabilisatoren wegbrechen. Wenn also der berufliche Misserfolg, der Verlust von Einfluss, Geld und Bedeutung nicht mehr zu übersehen und zu beschönigen sind. Oder sie bereits die Kündigung erhalten haben und die Ehefrau mit Trennung droht (in ca. 80 Prozent der Fälle). Aber auch das Alter mit dem Nachlassen der geistigen und körperlichen Vitalität oder Krankheiten kann ein Auslöser sein. Der Schritt, sich Hilfe holen zu müssen, fällt narzisstischen Menschen äußerst schwer, da sie glauben, alles alleine lösen zu können. Therapie zu brauchen, ist daher das Eingeständnis der eigenen Unzulänglichkeit und damit eine Kränkung ihrer narzisstischen Größe. Im therapeutischen Setting werden sie konfrontiert mit Schwächen und Fehlern und den Konsequenzen ihres Verhaltens und müssen sich auseinandersetzen mit Scham und Schuld. Aber sie bekommen auch eine neue Sicht auf das Leben und einen Zugang zu ihrem emotionalen und Körper-Erleben. Das bringt ihr gesamtes Gebäude ins Wanken und wird als große Bedrohung erlebt. Insofern bedeutet der Schritt in die Therapie ein großes Risiko, aber auch die Einsicht in die Notwendigkeit, sich zu verändern.

Doch bis dahin ist es oft ein langer Weg mit viel Abwehr und Widerstand. Es bedarf auch hier, wie im Coaching, des langsamen Aufbaus einer wertschätzenden therapeutischen Beziehung, um dem narzisstischen Klienten die Möglichkeit zu geben, sich selbst zu spüren und destruktives Verhalten abzubauen. Der Zugang zum wahren Selbst, zum Erleben von Freude, Schmerz und Angst und dem Einlassen auf zwischenmenschliche Beziehungen führt zu einem inneren Wandlungsprozess, an dessen Ende der Mensch sichtbar wird, der bisher hinter der narzisstischen Fassade versteckt war.

Am Beispiel von Rudi, einem ehemaligen Klienten in der psychosomatischen Klinik, wird deutlich, wie eine therapeutische Wandlung aussehen kann. Er war ein klassischer Besserwisser, der immer zeigen musste, dass er mehr wusste als die anderen, und darauf aus war, auf jeden Fall Recht zu behalten. Er versuchte sich damit aufzuwerten und seine Angst, nicht angenommen zu werden, zu vertuschen. Dass er damit die anderen auf Distanz hielt und Ablehnung provozierte, war ihm nicht bewusst.

Rudi, Anfang vierzig, beruflich sehr erfolgreich, aber unfähig, eine lang andauernde Beziehung einzugehen, kam wegen seiner Alkoholprobleme in die Klinik. Zu Beginn der Therapie war es sehr schwer, eine Beziehung zu ihm herzustellen, da er mich als Therapeutin und noch dazu als Frau ständig auf meine Kompetenz hin prüfte. Wiederholt versuchte er, mir und anderen zu beweisen, dass er sowieso alles besser wisse. Mit diesem Verhalten eckte er natürlich in der therapeutischen Gemeinschaft an, da die anderen sich abgewertet fühlten. Er wurde immer wieder mit seiner kritisch-missbilligenden Haltung konfrontiert, worauf er jedoch mit Arroganz und Überheblichkeit reagierte. Bei Kritik fühlte er sich sofort abgelehnt und fing an, zu kämpfen und sich zu rechtfertigen. Aber er blieb in der Klinik und brach die Therapie nicht ab! Und das war ein großer Schritt für ihn. Früher wäre er unter Schimpfen abgereist, erbost darüber, was man ihm in der Therapie alles zumute.

Er hatte in seinem Leben gelernt, in jeder Auseinandersetzung Recht zu behalten. Die Spitzfindigkeiten in der Argumentation, durch die er fast unschlagbar wurde, lernte er von seinem Vater. Dank seines Wissens und seiner intellektuellen Fähigkeiten musste er nie befürchten, bei einem Schlagabtausch zu verlieren. Diese Stärke war eine Zeit lang für ihn überlebensnotwendig, da er sich nur auf diese Weise seinem Vater gegenüber behaupten konnte. Im Laufe der Jahre spürte er jedoch, dass er zwar immer alles besser wusste, dabei aber allein blieb. Sein Verhalten ging auf Kosten seiner Beziehungen, denn recht haben ist eben etwas anderes, als mit jemandem in Beziehung zu sein. Im Grunde fühlte er sich einsam, weil er keine richtigen Freunde hatte, sondern nur Bewunderer oder Feinde.

In der therapeutischen Gemeinschaft konnte er lernen, nicht auf Biegen und Brechen recht zu haben, sondern sich auf andere Menschen einzulassen, zuzuhören, sich auseinanderzusetzen und auch andere Meinungen gelten zu lassen. Das fiel ihm unsagbar schwer. Mit der Zeit aber öffnete er sich und ließ den Panzer, den er um sein Herz und seine Gefühle gelegt hatte, etwas durchlässiger werden. Eine Wende trat ein, als er mit seiner Freundin in Kontakt trat und das erste Mal wirklich spürte, dass er sie sehr mochte und es ihm wehtat, als sie wieder wegfahren musste. Und nicht nur das. Er konnte es in der Gruppe erzählen und zugleich auch seine Gefühle mitteilen. Er begann zu weinen, als er über seine Beziehung sprach, und kam in Kontakt mit dem Schmerz über seine bisherige Unfähigkeit, wirkliche Gefühle zu empfinden.

Seine emotionale Offenheit berührte die ganze Gruppe. Es entstand eine tiefe, gegenseitige Zuneigung und Annahme. In dieser Offenheit hatten wir ihn alle noch nie erlebt. So unangenehm er sich am Anfang gegeben und so wenig er eingeladen hatte, sich auf ihn einzulassen, ganz zu schweigen von den vielen Verletzungen, die er anderen zugefügt hatte, so intensiv war jetzt die emotionale Beteiligung, als er seine andere Seite offenbarte. Es war, als hätten alle auf diesen Moment gewartet.

Dass Rudi sich auf diese Weise zeigen konnte, lag unter anderem daran, dass er in der Gruppe ein verständnisvolles Miteinander erlebte. Er wurde weicher, sein Gesicht öffnete sich, sein Blick suchte die anderen, und es entstand Verbundenheit. Vielleicht mauern sich narzisstische Menschen deshalb so ein, weil sie zur Öffnung Schutz und emotional offene Menschen brauchen, von denen sie den liebevollen Blick bekommen. Bewertung würde sie wieder verschließen.

Doch Rudis Weg aus seinem Gefängnis war noch lang. Das Erlebnis in der Gruppe war für ihn nur der erste Schritt, der von vielen Rückfällen in sein altes abwertendes, rechthaberisches Verhalten begleitet war. Es war ihm anzumerken, wie viel Mühe es ihn kostete, immer wieder den neuen Weg zu wählen. Doch umkehren wollte er auf keinen Fall.

Ein wichtiges Therapieziel bei narzisstischen Menschen ist das Erkennen und Akzeptieren ihrer menschlichen Begrenztheit, die Fähigkeit, in Demut ihre Erfolge und Stärken zu schätzen. Ob eine Therapie das alles leisten kann? Auf jeden Fall bedarf es einer langen Zeit des inneren Wachstums, unterstützt durch die Erfahrungen im Leben.

Wie Wohlstand gierig und egoman macht

Die kleinen Leute von Wippidu[86]

Vor langer, langer Zeit lebten kleine Leute in dem Dorf Wippidu. Sie nannten sich Wippiduler. Sie waren sehr glücklich und liefen herum mit einem Lächeln bis hinter die Ohren und grüßten jedermann. Was sie am meisten liebten, war, einander warme, weiche Pelzchen zu schenken. Ein jeder trug einen Beutel über seiner Schulter, der gefüllt war mit weichen Pelzchen. Es ist schön, jemandem ein warmes Pelzchen zu geben, es sagt dem anderen, »Du bist etwas Besonderes« und »Ich mag dich«. Und es ist wunderbar, ein Pelzchen zu bekommen. Du fühlst dich anerkannt und geschätzt und möchtest es dem Nächsten auch zuteilwerden lassen. Das Leben in Wippidu war ohne Zweifel sehr glücklich und froh.

Außerhalb des Dorfes, in einer dunklen, kalten Höhle, wohnte ein großer grüner Kobold. Er war einsam und schien mit niemandem auszukommen. Er mochte keine weichen Pelzchen austauschen, denn er hielt es für einen großen Unsinn. Als er einmal ins Dorf kam, sagte ein Wippuduler zu ihm: »Hier nimm ein warmes weiches Pelzchen.« Der Kobold flüsterte dem Wippiduler ins Ohr: »Weißt du denn nicht, dass dir deine Pelzchen eines Tages ausgehen, wenn du alle weggibst? Sei lieber vorsichtig mit dem Verschenken!« Damit tappte er davon und ließ einen verwirrten und unglücklichen Wippiduler zurück. Dabei wusste der Kobold, dass ein jeder einen unerschöpflichen Vorrat an Pelzchen besaß. Gab man nämlich jemanden ein Pelzchen, bekam man sogleich ein neues geschenkt. Doch der Kobold wollte wissen, ob die Selbstsucht auch in den Wippidulern steckte. Deshalb belog er den kleinen Mann, kehrte in seine Höhle zurück und wartete.

Es dauerte nicht lange, da kam ein Freund vorbei und grüßte den kleinen Wippiduler. Doch statt eines Pelzchens erhielt er die Warnung, auf seinen Pelzvorrat aufzupassen. Es täte ihm leid, aber er müsse aufpassen, dass sie ihm nicht ausgingen. Das verbreitete sich blitzschnell im Dorf und jeder fing an, seine Pelzchen aufzuheben. Die vormals so freundlichen Wippiduler wurden misstrauisch, sie stritten, wer die meisten Pelzchen habe, und begannen, sie für Sachen einzutauschen, statt sie zu verschenken. Bald verbargen sie ihre Pelzvorräte aus Angst, bestohlen zu werden. Nun wusste der Kobold, dass auch die Wippiduler selbstsüchtige Gedanken hegten.

Die kleinen Leute haben einmal gewusst, wie sie mit Mitgefühl und Wertschätzung ihr Selbstwertgefühl gegenseitig nähren können und wie der natürliche Rhythmus von Geben und Nehmen zu Frieden und Wohlgefühl führt. Aber die Selbstsucht, der Geiz, der Neid und die Angst, alles zu verlieren, zerstörten nicht nur die Harmonie, sondern auch ihre Beziehungen.

Fangen wir also an, Zuneigung und Wertschätzung zu verschenken, in der Hoffnung, sie ebenso zurückbekommen und die Welt um uns ein kleines bisschen positiv narzisstisch zu machen.

»Ein gelungenes Kompliment sättigt den ganzen Tag. Also: verteile großzügig.«

Monika Scheddin[87]

Danksagung

Es ist schon erstaunlich, wie viele Menschen und wie viel Zeit für die Entstehung eines Buches nötig sind. Es beginnt mit der Idee zu einem neuen Buch und der groben Zeitplanung. Das entwickelte ich hier wie immer mit meiner langjährigen Freundin und Verlagsleiterin Dagmar Olzog. Ich danke dir für deine Unterstützung in zeitweise stürmischen Zeiten und das immerwährende Vertrauen, dass aus der ursprünglichen Idee wirklich etwas Lesbares wird. Unsere Zusammenarbeit hat sich in 23 Jahren bewährt und ich freue mich, dass uns wieder ein so schönes Buch gelungen ist. Wir schaffen es sehr gut, Entscheidungen ohne Kränkungen zu fällen, auch wenn wir unterschiedlicher Meinung sind, und finden schnell zu einer für beide Seiten stimmigen Lösung. Danke für dein Wohlwollen und deine Fairness, die du mir entgegenbringst. Heute weiß ich, dass das ein Geschenk und überhaupt nicht selbstverständlich ist.

Auch Herrn Strasser, dem Geschäftsführer und Verleger, gebührt mein Dank. Sie haben schon im Vorfeld mein noch unfertiges Manuskript gelesen. Ihre Zustimmung und Begeisterung für das Thema haben mich motiviert, weiterzuschreiben und noch dazu viel mehr, als ich ursprünglich vorhatte.

Sehr wichtig waren mir meine diversen Interview-Partner und -Partnerinnen:

Monika Stützle-Hebel, die mir vor allem Erfahrungen über Frauen in der Führung nahebrachte. Danke für deine Offenheit und Selbstverständlichkeit, dein Wissen an mich weiterzugeben. Es war mir sehr wertvoll.

Roland Gulumjan, der aus der männlichen Sicht auf das Thema schaute. Viele deiner Erfahrungen sind ins Buch eingeflossen, ich danke dir.

Cordula Asam, die mir aus der Sicht der Physiotherapeutin über die Zusammenarbeit mit Ärzten berichtete. Ich danke dir, liebe Cordula, auch für deine wertschätzende Haltung, im Sinne des Höheren und Dritten zu denken und zu handeln, dem ultimativen Gegenprogramm zum Narzissmus.

Rosemarie Weichel danke ich für die anregenden Gespräche und vielen Gedanken zum Thema. Es ist mir immer wieder eine Freude, mit dir zusammen zu sein und zu reden und zu denken. Das gibt mir viele wertvolle Anregungen, auch über das Buch hinaus.

Ein großer Dank geht auch an meine Intervisions-Gruppe mit Barbara Daigeler-Sigel, Margarete Folwaczny und Michaela Pröpper. Ihr seid klasse Frauen und es macht viel Spaß, mit euch zu arbeiten. Danke für eure Erfahrungen im Umgang mit narzisstischen Klienten und Privatpersonen. Ein reicher Fundus, aus dem ich schöpfen konnte.

Und natürlich danke ich allen meinen Klienten, Supervisanden und Coaches, die mir ihre Geschichten erzählten und mit denen ich zusammen versucht habe, Wege aus Leid und Sackgassen zu finden. Wenn es glückte, waren wir froh, doch das war nicht immer so. Manchmal dauerte die Veränderung länger als gewünscht und geplant, doch auch das gehört zum Thema Narzissmus dazu: Erwartungen an die Realität anzupassen und nicht umgekehrt die Wirklichkeit so zu verbiegen, dass sie den Erwartungen entspricht. Danke für das Vertrauen in mich.

Wenn nun die Idee des Buches zu einem Inhalt geworden ist, braucht es Menschen, die es lesen und korrigieren. Dafür danke ich meiner Schwester Cornelia Wardetzki. Du hast sozusagen als Repräsentantin der späteren Leser und Leserinnen das Manuskript kritisch auf seine Verständlichkeit und auf logische sowie orthografische Fehler hin korrigiert. Ich danke dir für dein Engagement und deine Freude, die du beim Lesen hattest. Das hat mich sehr bestärkt.

Und ich danke auch mir, dass ich mit so großer Leidenschaft und unermüdlicher Energie geschrieben habe und meinen Zeitplan sogar unterschritten habe. Ich liebe es, Bücher zu schreiben, und würde immer behaupten, es sei nicht anstrengend. Dass das nicht stimmt, merke ich erst, sobald das Buch fertig ist.

Ich erlebe das Schreiben wie ein Abtauchen und brauche viel Zeit für mich. Ich danke daher meinen gegenwärtigen Klienten und Klientinnen für ihr Verständnis, dass ich die Praxis längere Zeit geschlossen hatte. Ich weiß, es war für einige nicht einfach, umso mehr schätze ich Ihre/eure Bereitschaft.

Nun bin ich wieder aufgetaucht und freue mich, das Buch an die Leser und Leserinnen zu bringen, und hoffe, dass auch sie es mit viel Freude und Begeisterung lesen werden.

Literatur

Barnett J. E./Cooper N.: Creating a culture of self-care. In: Clinical Psychology Science and Practice 2009, 16(1): S. 16–20

Bierhoff, Hans-Werner/Herner, Michael Jürgen: Narzissmus – die Wiederkehr. Huber Verlag, Mannheim 2009

Bund, Kerstin: Glück schlägt Geld. Generation Y. Was wir wirklich wollen. Murmann Verlag, Hamburg 2014

Bushman, Brad et al.: Development and Validation of the Single Item Narcissism Scale (SINS). In: Zeitschrift PLOS ONE, 5. August 2014

Dammann, Gerhard: Narzissten, Egomanen, Psychopathen in der Führungsetage. Fallbeispiele und Lösungswege für ein wirksames Management. Haupt Verlag, Bern 2007

Eidenschink, Klaus: Das narzisstisch infizierte Unternehmen. Zum problematischen Einfluss von Führungskräften mit narzisstischen Persönlichkeitsmerkmalen auf Organisationen. In: Organisationsentwicklung 1, Jg. 2003, S. 4–15

Eidenschink, Klaus: »Mann bin ich gut!« – Die Not narzisstischer Manager. In: Wirtschaft und Weiterbildung. Nov./Dez. 2004, S. 42–46, Haufe-Lexware Freiburg

Eidenschink, Klaus: Was narzisstische Manager bewirken können. In: Wirtschaft und Weiterbildung, Nov./Dez. 2005, S. 38–40, Haufe-Lexware Freiburg

Eidenschink, Klaus: Coaching von narzisstischen Führungskräften. In: Wirtschaft und Weiterbildung, Nov./Dez.2005, S. 46–49, Haufe-Lexware Freiburg

Ekman, Paul (Hrsg.): »Gefühl und Mitgefühl«. Emotionale Achtsamkeit und der Weg zum seelischen Gleichgewicht. Ein Dialog zwischen dem Dalai Lama und Paul Ekman. Spektrum Verlag, Heidelberg 2009

Grijalva, Emily/Harms, Peter et al.: Narcissism and Leadership. A Meta-Analytic Review of Linear and Nonlinear Relationships. In: Personnel Psychology 2014

Goleman, Daniel: Emotionale Intelligenz. dtv, München 1997

Haller, Reinhard: Die Narzissmusfalle. Ecowin, Salzburg 2013

Henn, Monika: Frauen können alles – außer Karriere. Harvard Business Manager, März 2009, S. 56–61

Ibarra, Herminia/Obodaru, Otilia: Visionärinnen gesucht. Harvard Business Manager, März 2009, S. 62–75

Illies, Florian: 1913. S. Fischer Verlag, Frankfurt/M. 2012

Johnson, Stephen, M.: Der narzisstische Persönlichkeitsstil. EHP Verlag, Köln 1988

Kernberg, Otto F./Hartmann, Hans-Peter: Narzissmus. Grundlagen, Störungsbilder, Therapie. Schattauer 2006
Kohut, Heinz: Narzissmus. Eine Theorie der psychoanalytischen Behandlung narzißtischer Persönlichkeitsstörungen. Suhrkamp Verlag, Frankfurt 1976
Miller, Alice: Das Drama des begabten Kindes. Suhrkamp Verlag, Frankfurt/M. 1979
Paulhus, Delroy L./ Williams, Kevin M.: The Dark Triad of Personality: Narcissism, Machiavellianism and Psychopathy. In: Journal of Research in Personality 36 (2002), S. 556–563
Petermann, Frank: Zur Dynamik narzisstischer Beziehungsstruktur. In: Gestalttherapie. Zeitschrift der Deutschen Vereinigung für Gestalttherapie, Heft 1, 1988, S. 31–41
Raskin, R./Hall, C. S.: A narcissistic personality inventory. In: Psychological Reports, 45, 1979
Real, Terrence: Mir geht's doch gut. Männliche Depressionen. Scherz Verlag, Bern 1999
Reddemann, Luise: Psychodynamisch Imaginative Traumatherapie. PITT Manual. Pfeiffer bei Klett-Cotta, Stuttgart 2004
Reddemann, Luise: Imagination als heilsame Kraft. Zur Behandlung von Traumafolgen mit ressourcenorientierten Verfahren. Pfeiffer bei Klett Cotta, Stuttgart 2001
Rogoll, Rüdiger: Nimm dich wie du bist. Herder, Freiburg 1982
Rosenberg, Marshall: Gewaltfreie Kommunikation. Junfermann Verlag, Paderborn 2012 (10. Aufl.)
Scheddin, Monika: Divenkalender 2015, Woman's Business Akademie GmbH
Schmidt-Lellek, Christoph: Charisma, Macht und Narzissmus. Zur Diagnostik einer ambivalenten Führungseigenschaft. In: OSC 11 Fachzeitschrift für Themen von Organisationsberatung, Supervision und Coaching, Heft 1, 2004, S. 27–40
Schmitt-Siegel, Helmut: Corporate Design 07. Varus Verlag, Bonn 2008
Singer, Tania/Bolz, Mathias (Hrsg.): »Mitgefühl: In Alltag und Forschung«. E-Book Copyright Max Planck Society, Munich, Germany 2013
Sonnenmoser, Marion: Selbstfürsorge: Eine Aufgabe fürs Leben. In: Deutsches Ärzteblatt, Heft 7, Juli 2009, S. 307–308
Stützle-Hebel, Monika: Frauen führen anders – und was sie dazu brauchen. Unveröffentlichtes Manuskript
Stützle-Hebel, Monika: Irritation zur Veränderung. Wie Frauen modernes Management in Organisationen bringen. In: OrganisationsEntwicklung Zeitschrift für Unternehmensentwicklung und Change Management, Nr. 4/2014
Symington, Neville: Narzissmus. Steidl Verlag, Göttingen 1997

Wardetzki, Bärbel: Weiblicher Narzissmus – Der Hunger nach Anerkennung. Kösel Verlag, München 1991, 2005
Wardetzki, Bärbel: Ohrfeige für die Seele. Wie wir mit Kränkung und Zurückweisung besser umgehen können. Kösel Verlag, München 2000
Wardetzki, Bärbel: Kränkung am Arbeitsplatz. Strategien gegen Missachtung, Gerede und Mobbing. Kösel Verlag, München 2005
Wardetzki, Bärbel: Eitle Liebe. Wie narzisstische Beziehungen scheitern oder gelingen können. Kösel Verlag, München 2010
Wardetzki, Bärbel: Nimm's bitte nicht persönlich. Der gelassene Umgang mit Kränkungen. Kösel Verlag, München 2012
Wardetzki, Bärbel: Souverän und selbstbewusst. Der gelassene Umgang mit Selbstzweifeln. Kösel Verlag, München 2014
Willi, Jürg: Die Zweierbeziehung. Spannungsursachen/Störungsmuster/Klärungsprozesse/Lösungsmodelle. Rowohlt Verlag, Reinbek 1983
Winnicott, Donald: Über die Fähigkeit, allein zu sein. Psyche 6, S. 345–352, Klett-Cotta Verlag, Stuttgart 1958
Wirth, Hans-Jürgen: Narzissmus und Macht. Zur Psychoanalyse seelischer Störungen in der Politik. Psychosozial-Verlag, Gießen 2002

Anmerkungen

1 Auf die diagnostischen Einzelheiten möchte ich hier nicht weiter eingehen, da sie für den beruflichen Kontext nicht von Bedeutung sind.
2 Zit. nach S. Johnson 1988, S. 13
3 K. Eidenschink 2003, S. 6
4 R. Raskin/C.S. Hall, A narcisstic personality inventory. In: Psychological Reports, 45 1979
5 ohne klinische Krankheitszeichen
6 T. Real, S. 40
7 H.-W. Bierhoff/M. J. Herner, S. 94
8 Stimme.de Südwesten
9 M. Back und H.-W. Küfner, Universität Münster, T. Gerlach, Universität Göttingen, M. Duffner und J. Rauthmann, Humboldt Universität Berlin, Jaap Debissen, Universität Tillburg
10 Das sind zwei der fünf Dimensionen, mit denen die Persönlichkeit erfasst wird, die sogenannten Big Five. Die anderen drei sind Neurotizismus, Offenheit für Erfahrungen und Gewissenhaftigkeit.
11 F. Illies, S. 152
12 Divenkalender
13 ARD-Reportage vom 28.7.2014
14 R. Haller 2013, S. 163
15 K. Stauss in B. Wardetzki 2007, S. 9
16 N. Symington 1997, S. 114
17 Zit. nach U. Schäfer, *Süddeutsche Zeitung,* Nr. 187 vom 16./17.8. 2014 S. 4
18 B. Wardetzki 2007 S. 20
19 J. Willi 1983, S. 76 ff
20 R. Haller, S. 88
21 H.-J. Wirth, S. 9
22 Auszüge aus H.-J. Wirth, S. 123 ff
23 R. Haller 2013, S. 87
24 F. Petermann 1988
25 H.-J. Wirth in Kernberg 2006, S. 159
26 A. Miller, S. 59
27 Interview mit M. Lüpertz im *Süddeutsche Zeitung Magazin* 17/2014
28 H. Kohut 1976
29 Siehe A. Schreyögg 2013 http://www.schreyoegg.de
30 H. Schmitt-Siegel, http://www.comebeck.com/comebeck-
31 M. F. R. Kets de Vries 2002: 128 zit. nach C. Schmidt-Lellek
32 Divenkalender

33 ARD 29.7.2014 Der Banker-Master of the Universe. Gekürztes Protokoll
34 Ders.
35 Ders.
36 Wirtschaftswissenschaftler der Friedrich-Alexander-Universität Erlangen-Nürnberg (FAU), der IMD in Lausanne und der Pennsylvania State University, zit. im Billomat Magazin (Wirtschaftsmagazin) 2014. http://www.billomat.com/de/magazin/narziss-mit-goldenem-haendchen-selbstverliebte-chefs-und-ihre-entscheidungen/
37 Zit. aus Format.at Das Portal für Wirtschaft, Geld & Politik: Narzissmus bei Führungskräften wird zu einer Epidemie
38 D. Schwarzinger, wissenschaftlicher Mitarbeiter im Bereich Psychologie an der Universität Hohenheim in Sueddeutsche.de 9. Dezember 2011 09:38 Führungspersönlichkeiten im Job von Barbara Galaktionow
39 H.-W. Bierhoff/M. J. Herner, S. 28
40 J. Hesse/H. C. S. Schrader http://www.berufsstrategie.de
41 K. Eidenschink 2004, S. 8
42 K. Eidenschink 2005, S. 39
43 E. J. Grijalva von der University of Illinois 2014; J. Harms Professor of management in the College of Business Administration at the University of Nebraska
44 Huffington Post. S. Hoffmann, 24. August 2014, Huffpost Germany
45 K. Bund ZEIT ONLINE 2014 Ausgabe 10
46 Divenkalender
47 M. Stützle-Hebel: Frauen führen anders, S. 1
48 Managerinnen-Barometer des Deutschen Instituts für Wirtschaftsforschung (DIW Berlin)
49 M. Henn 2009
50 M. Stützle-Hebel, S. 4
51 M. Pantelouris in: Süddeutsche Zeitung Magazin, H42, Oktober 2014, S. 39
52 K. Eidenschink 2004, S. 46
53 Divenkalender
54 www.duesselcom
55 E. Hatfield, E. & S. Sprecher: Mirror, Mirror. The importance of looks in everyday life, Albany State University of New York Press, 1986. G. L. Patzer: The physical attractiveness phenomena. New York, Plenum 1985
56 Zit. nach H.-W. Bierhoff/M. J. Herner, S. 170
57 H.-W. Bierhoff/M. J. Herner, S. 170
58 Vereinigung plastischer Chirurgen »Acredis«
59 S. Johnson 1988, S. 104
60 S. Johnson 1988, S. 80
61 www.co-matrix.de

62 B. Bushman, S. Konrath und B. Meier
63 Divenkalender
64 Leiter der Personalentwicklung, Wirtschaftspsychologie 5.11.2014
65 S. Röbke zit. von J. Biederlack, Unternehmenskommunikation
66 Zit. nach J. Willi 1983, S. 61
67 Zit. nach R. Sachse, http://ipp-bochum.de/downloads/passiv-aggresive-pd-folien.pdf
68 W. Berner. Umsetzungsberatung 2005 http://www.umsetzungsberatung. de/psychologie/resignation.php
69 Divenkalender
70 Divenkalender
71 http://www.tagesspiegel.de/wissen/psychologie-die-macht-des-mitge fuehls/9250600.html
72 A.a.O.
73 Modifiziert nach Anleitung von L. Reddemann 2001, S. 27
74 L. Reddemann 2004, S. 76
75 K. Eidenschink 2004, S. 46
76 R. Rogoll 1982, S. 58
77 Siehe auch J. Röhrig, JR Training-Personalentwicklung. http://www.seminar-becker.de/Hauptskripte1/Paedagogische%20Skripte/TA%2008_Roehrig_Psychospiele.pdf
78 http://www.st-dominikus-stiftung.de/
79 www.ph-heidelberg.de/wp/horsch/DialogHoerpaed/HandoutKorczak.doc
80 Divenkalender
81 Selbstfürsorge – Eine Aufgabe fürs Leben. Deutsches Ärzteblatt, Heft 7/2009
82 *Süddeutsche Zeitung* vom 24.9.2014 S. 9
83 *Der Spiegel* 45/2013
84 Bundesverband deutscher Psychologinnen und Psychologen BDP e.V.
85 K. Eidenschink 2005, S. 46
86 Gekürzte Fassung der indianischen Sage
87 Divenkalender